新文京開發出版股份有限公司
新世紀・新視野・新文京 — 精選教科書・考試用書・專業參考書

New Wun Ching Developmental Publishing Co., Ltd.

New Age · New Choice · The Best Selected Educational Publications — NEW WCDP

第6版

化妝品概論

嚴嘉蕙 ——

編著

| SIXTH EDITION |

An Introduction to
COSMETICS

本版附贈 QR code，收錄附錄一～附錄十七，內容涵蓋蛋白質、胺基酸和玻尿酸簡介、簡單的名詞說明、常見植物萃取液的效用、並更新最近期化妝品含有醫療或毒劇藥品基準〈含藥化妝品基準〉、介紹常見的防曬劑成分、防腐劑基準和禁用成分、歐盟美容法規異動、化妝品中禁止使用成分總表、化妝品得宣稱詞句例示及不適當宣稱詞句列舉、法定化妝品色素品目表、化妝品標籤仿單包裝之標示規定、衛福部公告核准 13 種美白成分表、公告修正「化妝品中含果酸及其相關成分製品之 pH 值及注意事項」、精油產品的分類原則與安全規範、化妝品常用專有名詞註解、化妝品衛生管理條例修法重點，以及 2018 年最新上路的化粧品安全衛生管理法法規等以上內容及使用數據資料，同時因應化妝品產業的蓬勃發展，本版書新增許多與化妝品相關的時事報導，幫助讀者了解化妝品的使用守則，更提供教師作為教學使用的好幫手。

教科書出到第六版不容易，除了幫自己拍拍手外、更要感謝各位先進的愛護及照顧，以及新文京開發出版股份有限公司編輯部各位同仁耐心、細心的修改、校對及包容。

感激之情溢於言表，期盼各位先進能秉於愛護之心持續提供寶貴的意見，並不吝指正。

嚴嘉蕙 謹識

ABOUT THE
AUTHOR

一、中文姓名：嚴　嘉　蕙

二、學歷：

　　私立靜宜大學應用化學研究所碩士班

　　國立交通大學應用化學研究所博士班

三、經歷：

　　國立勤益技科技大學講師、副教授

　　曾兼任研究發展處學術發展組組長

　　兼任教務處課務組組長

四、專長：

　　藥物合成及應用、天然物化學、有機合成、有機光譜學、香妝品學、
　　界面化學

目錄
CONTENTS

附　錄

如須參閱附錄內容請掃描 QR-Code，即可下載。

化妝品概論

An Introduction to Cosmetics

一 使用化妝品的目的

化妝品與人們的日常生活息息相關，消費量與日俱增，幾乎所有人都會使用化妝產品。

化妝產品的使用部位遍及身體表面的皮膚、毛髮、脣、齒、指甲等。為使裸露在大自然威脅（如溫度、光線、溼度、風、砂等變化）中的身體能夠得到保護，我們使用化妝品來塗抹身體，藉此達到強化皮膚及其附屬器官對外界環境影響的防禦能力。其次是為了清潔身體；使自己身心舒暢進而能展現出美的魅力。並能夠保護皮膚和頭髮免於受到紫外線和乾燥空氣的影響，達到防止老化、延長美麗的目的，使大家都能夠享受快樂的生活。因此，化妝品的使用目的可以大致分為生理及衛生方面的目的：包含清潔、保持清爽和美化。心理及文化方面的目的：包含變更容貌、增加魅力。

二 化妝品的定義

（一）化妝品的定義—日本

管理機關：厚生勞動省(MHLW)。

在日本的藥品管理法中分成藥品、準藥品、化妝品和醫療用品四類。其中對化妝品的定義是：「為了清潔、美化身體、增加魅力、改變容貌或者為保護皮膚和頭髮，而塗抹、撒佈在身體上的、對人體作用緩和的製品稱為化妝品」。

準藥品如：藥用牙膏、除臭化妝品和染髮劑等，即使對人體有作用也只是：作用緩和，使用的目的不是為了治療和預防疾病，不會影響人體組織及其機能的製品。

此外在日本也經常出現香妝品的名稱。所謂香妝品是指一般的化妝品和芳香性化妝品，如香水的總稱。

（二）化妝品的定義─台灣

管理機關：衛生福利部食品藥物管理署(TFDA)。

根據行政院於 60 年 8 月擬訂的化妝品衛生管理條例草案第 3 條對化妝品之定義為：「本條例所稱化妝品，係指施於人體外部，以潤澤髮膚，刺激嗅覺，掩飾體臭或修飾容貌之物品」。

中華民國 107 年 5 月 2 日公布實施的的化粧品衛生安全管理法中增加「但依其他法令認屬藥物者，不在此限。」

（三）化妝品的定義─中國

管理機關：國家食藥監總局(CFDA)。

中華人民共和國《化妝品衛生監督條例》中，對化妝品的定義是：「化妝品是以塗抹、噴灑或其他類似方法，施於人體表面任何部位（皮膚、毛髮、指甲、口脣、口腔黏膜等），以達到清潔、消除不良氣味、護膚、美容和修飾目的的日用化學工業產品。」

（四）化妝品的定義─美國

管理機關：美國食品藥物管理局(U.S.FDA)。

美國聯邦食品、藥品和化妝品法 (Federal Food, Drug and Cosmetic act., FFDCA) 定義化妝品為：「用塗擦、撒布、噴霧或其他方法使用於人體的物品，能發揮清潔、美化，使有魅力或改變外觀的作用的商品」。

（五）化妝品的定義─歐盟（共 28 個會員國）

管理機關：各國之主管機關。

在歐盟，任何成員國銷售的化妝品均受理事會指令第 76/768/EEC 號及其修訂條文嚴格監管。根據該指令，化妝品的定義廣泛，涵蓋潤膚膏、凝膠、油、肥皂、止汗劑、護髮用品、洗髮水、刮鬍用品、口腔護理用品、化妝用品、香水等。

Regulation(EC) No.1223/2009 指「任何可能在使用時會接觸到人體外部（表皮、毛髮系統、指／趾甲、口脣或外生殖器），或牙齒及口腔之黏膜，且其唯一或是主要用途為清潔、芳香、改變外觀、及／或保護、維持良好狀態的物質或混合物。

備註： 歐盟會員國包括奧地利、比利時、保加利亞、塞浦路斯、捷克、丹麥、愛沙尼亞、芬蘭、法國、德國、希臘、匈牙利、克羅地亞、意大利、愛爾蘭、拉脫維亞、立陶宛、盧森堡、馬-他、荷蘭、波蘭、葡萄牙、羅馬尼亞、斯洛伐克、斯洛文尼亞、西班牙、瑞典、英國。

（六）化妝品的定義─加拿大

管理機關：Health Canada。

指包括用於清潔、改善或改變面部外觀及皮膚、頭髮或牙齒而制造、銷售或展示的任何物質或物質混合物，包括除臭劑和香水。

（七）化妝品的定義─韓國

管理機關：韓國食品藥品管理局(KFDA)。

是指為保持人體清潔、美化人體，使之增加魅力、改變容貌、保持皮膚或毛髮的健康，以在身體塗抹、散布等方法，或以其客觀存在類似的方法為目的而使用的物品。其中美白、抗皺及防曬產品屬於功能性化妝品，須辦理功能性化妝品審批。

另外，同日本將發育、染髮、作用於皮膚黏膜類的產品歸類於醫藥部外品，不適用於化妝品法。

（八）化妝品的定義─東協十國

管理機關：各國之主管機關。

化粧品者，應指任何可能在使用時會接觸到人體外部（表皮、毛髮系統、指／趾甲、口脣或外生殖器），或牙齒及口腔之黏膜，且其唯一或是主要用途為清潔、芳香、改變外觀及／或矯正體味、及／或保護、維持良好狀態的物質或製劑。【ASEAN Cosmetic Directive】Article 2; 1

備註：東協十國包括汶萊、東埔寨、印尼、寮國、馬來西亞、緬甸、菲律賓、新加坡、泰國、越南。

雖然化妝品的定義因國家而略有不同，但有一個共同的定義，它用於清潔與美容。可以看出美國、日本和歐洲的化妝品定義規定比韓國更廣泛。

總之，不論是化妝品、準藥品或香妝品，與藥品之不同處在於它們是以健康的人為使用對象，以保持身體的清潔、衛生和美化裝飾人體為目的，有緩和的生理作用，但並不具有如藥品般的治療功效。

由於化妝品是在日常生活中每天或長期連續使用的物質，因此考慮使用的安全性及副作用就相當重要，而藥品是發生疾病時才用，優先考慮的是療效，有時候就不得不接受其副作用了。

 三　化妝品的分類

依行政院衛生福利部公告的化妝品範圍及種類，將化妝品分為 15 類，如下：

1. 頭髮用化妝品類：

(1) 髮油*

(2) 髮表染色劑*

(3) 整髮液

(4) 髮蠟*

(5) 髮膏*

(6) 養髮液

(7) 固髮料*

(8) 髮膠*

(9) 髮霜*

(10) 染髮劑

(11) 燙髮用劑

(12) 其他

2. 洗髮用化妝品類：

(1) 洗髮粉*

(2) 洗髮精*

(3) 洗髮膏*

(4) 其他

3. 化妝水類：

(1) 剃鬚後用化妝水

(2) 一般化妝水

(3) 花露水*

(4) 剃鬚水*

(5) 黏液狀化妝水

(6) 護手液

(7) 其他

4. 化妝用油類：

(1) 化妝用油

(2) 嬰兒用油

(3) 其他

5. 香水類：

(1) 一般香水*

(2) 固形狀香水*

(3) 粉狀香水*

(4) 噴霧式香水*

(5) 腋臭防止劑

(6) 其他

6. 香粉類：

(1) 粉膏

(2) 粉餅

(3) 香粉

(4) 爽身粉

(5) 固形狀香粉

(6) 嬰兒用爽身粉

(7) 水粉

(8) 其他

7. 面霜乳液類：

(1) 剃鬍後用面霜

(2) 油質面霜（冷霜）

(3) 剃鬍膏*

(4) 乳液

(5) 粉質面霜

(6) 護手霜

(7) 助曬面霜

(8) 防曬面霜

(9) 營養面霜

(10) 其他

8. 沐浴用化妝品類：

(1) 沐浴油（乳）

(2) 浴鹽*

(3) 其他

9. 洗臉用化妝品類：

(1) 洗面霜（乳）*

(2) 洗膚粉*

(3) 其他

10. 粉底類：

(1) 粉底霜

(2) 粉底液

(3) 其他

11. 脣膏類：

(1) 脣膏

(2) 油脣膏

(3) 其他

12. 覆膚用化妝品類：

　　(1) 腮紅

　　(2) 胭脂

　　(3) 其他

13. 眼部用化妝品類：

　　(1) 眼皮膏

　　(2) 眼影膏

　　(3) 眼線膏

　　(4) 睫毛筆

　　(5) 眉筆*

　　(6) 其他

14. 指甲用化妝品類：

　　(1) 指甲油*

　　(2) 指甲油脫除液*

　　(3) 其他

15. 香皂類：

　　(1) 香皂*

　　(2) 其他

　　其中有「*」號之種類為一般化妝品，可免予申請備查。

　　照官方說法分類有管理上的方便，但業界在分類時則是依照產品的使用目的和消費者的習慣來分類。一般會分成：①基礎化妝品（保養用化妝品），②彩妝用化妝品，③頭髮用化妝品，④清潔用化妝品，⑤芳香製品，⑥特殊目的用化妝品等六大類。

1. 基礎化妝品：

(1) 臉部清潔霜：含洗臉、卸妝、去角質霜、洗面皂和敷面劑等。

(2) 化妝水：含收斂、柔軟、保濕、滋潤爽膚化妝水和面皰化妝水等。

(3) 面霜：含日霜、晚霜、眼霜、冷霜和乳霜(Cream)等。

(4) 美容液：含美容露、高機能性化妝水和 Beauty mission 等。

(5) 乳液：含 Lotion、Milk 和 Milk lotion 等。

(6) 凍膠：含 Gel 和 Jelly 等。

2. 彩妝用化妝品：

(1) 粉底：含粉底霜、粉底液、粉膏、粉條和蓋斑膏等。

(2) 撲粉：含粉餅和蜜粉等。

(3) 口紅：口紅和脣線筆等。

(4) 腮紅：如修容餅等。

(5) 眼部用彩妝：含睫毛膏、睫毛液、眼影、眼線筆和眉筆等。

(6) 指甲用化妝品：含護甲油、指甲油和指甲油脫除劑等。

3. 頭髮用化妝品：

(1) 洗髮：含洗髮粉、洗髮精和洗髮乳等。

(2) 護髮、潤髮：含護髮乳、護髮油、利梳霜和潤絲精等。

(3) 整髮：含髮膠、髮雕、髮蠟、髮乳、定型液和造型幕斯等。

(4) 燙髮劑：含冷、熱燙髮劑等。

(5) 染髮劑：含永久性、非永久性和暫時性染髮劑等。

(6) 養髮（生髮）劑。

4. 清潔用化妝品：

(1) 香皂：含透明、乳霜、鹼性、中性、浮水、嬰兒和液體皂等。

(2) 沐浴製品：含沐浴乳、沐浴鹽和沐浴油等。

(3) 牙膏、牙粉等。

5. 芳香製品：

(1) 香水

(2) 香膏

(3) 香粉

(4) 腋臭防止劑

6. 特殊目的用化妝品：

(1) 防曬製品

(2) 美白製品

(3) 抗老化製品

(4) 剃鬚膏

(5) 脫毛劑

(6) 護手霜

(7) 爽身粉

(8) 制汗除臭劑

(9) 護膚製品

(10) 芳香精油

若依功用而分類可分為：

1. 清潔用製品：

包含所有對頭髮、皮膚、口腔等具有清潔洗淨或兼具消毒殺菌等能力，並不會傷害髮膚之製品。

2. 保養用製品：

對頭髮、皮膚、指甲等具有補充流失和預防外界刺激不受損傷，並維持其正常機能之製品。

3. 滋潤用製品：

對頭髮和皮膚具有營養，並兼具改善或恢復其機能之製品。

4. 美化用製品：

可改變或遮蓋膚色、髮色之缺陷，並應用色彩產生立體感及變化髮型或儀容之製品。

5. 理療用製品：

能恢復受傷害及遲緩髮膚粗糙、老化等缺陷或藉由物理方法如熱敷、按摩等，以促進其機能所須之製品；即所謂的含藥化妝品。

6. 著香用製品：

對皮膚具有賦香或可遮蓋體臭令嗅覺有舒適感之製品。

若依應用之部位分類可分為：

1. 毛髮用製品(Hair preparation)

2. 皮膚用製品(Skin preparation cosmetics)

3. 脣、眼部和指甲用品(Make up preparation)

4. 口腔用製品(Dental preparation)

5. 全身用製品(Body preparation)

若依型態（劑型）分類可分為：

1. 透明性液劑：

   是完全互溶澄清之流體。

2. 混合型液劑：

   由互不相溶之原料混合成的液體，靜置時呈現相之分離，使用前需經震盪混合。

3. 半流體乳劑：

   是油水兩相和其他原料經乳化成具有流動性之乳化體，或藉黏劑製成懸浮性而成均勻狀態之半流動製品，如乳液。

4. 乳化性基劑：

   藉由乳化劑或物理方法使得油、水兩相或與粉末呈均勻乳白軟膏狀之製品。可依其乳化型態分成親油性和親水性兩種。這種形態的化妝品種類變化相當多，可以當作一般化妝品或含藥化妝品，所以稱為基劑。

5. 固融體油膏劑：

或稱為固溶體軟膏劑，是由動、植、礦物的油、脂、蠟類和高級（C$_8$以上）脂肪酸、醇、酯等或加上色料、粉料、藥物等混合而成的製品。但因其原料中高融點（約 60°C 以上）的蠟含量較少（約 15%以下），所以無法在模中鑄形成體，所以包裝時是在加熱融化後直接裝在容器中冷卻，如髮蠟。

6. 固融體棒型劑：

成分與固融體油膏類似，只因高融點的蠟含量較多所以可以鑄形成體，如口紅。

7. 粉末散佈劑：

由各種乾性的粉末原料或與各種藥品混合而成，並用散布法使用的製品。

8. 粉末成型劑：

由各種乾燥粉末、著色劑、結合劑等混合後經壓縮成型之餅狀、棒狀或塊狀之製品，如粉餅。

9. 膠凝劑：

由黏劑和水或酒精或甘油等配成透明或半透明凝膠狀(Jelly)製品。

10. 丸錠劑：

藉打錠機或製粒機將混合均勻之粉劑，或蠟原料等壓縮打成錠狀或粒狀之製品。

11. 固型劑：

無論原料之性狀如何，經由加工反應後以塊狀硬體出現之製品，如香皂。

四 化妝品的質量特性和質量保證

化妝品的質量特性決定於消費者對產品的滿意度，於市場上銷售時不可或缺的是產品的安全性、穩定性、有用性和使用性，分述如下：

1. 安全性：

需考慮產品在使用時對皮膚不具有刺激性、過敏性，不慎食入時需無毒性，包裝外觀無破損且無異物混入。

2. 穩定性：

購買時無變色、變臭、變質且使用時不易變質或受微生物污染。

3. 有用性：

具有特定的特殊功效，如具有保濕效果、防曬效果、抗老化效果、清潔效果等。

4. 使用性：

應考慮到使用感，包含與皮膚的融合度、柔滑度、保濕性；易使用性，包含形狀、大小、重量、功能性和方便攜帶；嗜好性，包含產品的香味、顏色和外觀設計等。

　　質量保證方面要能達到讓消費者能夠放心和滿意的購買；使用時有放心和滿足感且能夠長期使用，包含了容器和外觀以及內容物的保證。

在容器和外觀保證方面包括：

1. 內容物保護性的保證：

(1) 耐光性試驗

(2) 透過性試驗

(3) 臭味試驗

2. 材料適應性的保證：

(1) 耐光性試驗

(2) 耐腐蝕性試驗

3. 原料安全性的保證：

(1) 原料中要注意的物質（如福馬林、甲醛等）

(2) 安全性基準（行政院衛生福利部的公告）

(3) 安全性確認試驗

4. 功能性的保證：

(1) 人體功效學的功能性試驗

(2) 物理性的功能性試驗

5. 使用上的安全性保證：

(1) 使用環境試驗

(2) 使用方法

6. 廢棄性保證：

(1) 易處理性（有效利用等）

(2) 安全性（燒毀時的安全性）

在內容物保證方面包括：

1. 安全性的保證：

(1) 各種安全性試驗、斑點試驗

(2) 重金屬檢驗（如鉛、砷等）

2. 穩定性的保證：

(1) 色調穩定性試驗（隨時間增加的顏色穩定性）

(2) 耐光性試驗（經光照射後引起的褪色性）

(3) 氣味的穩定性試驗（日光照射下氣味的穩定性）

(4) 耐溫度、溼度的穩定性試驗（含循環週期性試驗）

(5) 防腐性試驗

(6) 藥劑穩定性試驗（效果保證）

(7) 物理化學穩定性試驗

3. 使用性的保證：

(1) 使用試驗（官能試驗）

(2) 物理化學試驗（流變性測定等）

4. 有用性的保證：

依製品的各種效果做試驗

五 化妝品的開發程序

　　化妝品開發首先要捕捉基礎和應用研究方面的成果，包括皮膚科學的研究和新原料、新製劑的開發。近年來又盛行應用以生命科學為基礎的生物技術來生產、開發新原料的研究和磷脂質、微膠囊等新製劑的研究等。整個開發程序包含了：產品設計→製劑試驗→使用試驗→配方、製法和容器規格確定→生產技術檢討→藥品管理申請、確認→製造→商品上市；分述如下：

1. 產品設計

(1) 針對顧客的需求做出商品計劃書（含流行動向及市場調查）。

(2) 針對由顧客需求設計出的產品做基礎性的、開發性的和應用性的研究，並捕捉研究成果。

(3) 決定所需使用的原料（含基礎原料、色料、香料、添加劑）。此處會應用到的學科包含有機化學、無機化學、藥物化學、天然物化學（含動、植物化學＜中草藥＞）、高分子化學、生物化學及分析化學等。

(4) 決定所需使用的包裝材料（含玻璃瓶、合成樹脂容器、金屬材料、軟管以及包裝紙等）。此處會應用到的學科包含高分子化學、材料化學、加工技術以及印刷技術等。

2. 製劑試驗

(1) 穩定性：應用到的學科包含界面化學、微生物學。

(2) 使用性：應用到的學科包含流變學。

(3) 安全性：應用到的學科包含皮膚科學（醫學）、生物化學。

(4) 有用性：應用到的學科包含生理學、心理學以及物理化學。

3. 使用試驗

嗜好性：應用到的學科包含心理學、官能檢查等。

以上都無疑義後即可確認產品的配方、製法和容器規格等，然後要做藥品管理的申請和生產技術的檢討；在獲得生產許可證後就可以正式生產製造（這其中還應用到了質量管理技術、統計學、化學工程學以及機械工程學等），最後可以成為正式的商品上市。

商品從開始設計到完成的時間隨產品的內容不同而不同，通常約需一年左右，若產品中含有新藥物開發時則需更長的時間。

在化妝品開發過程中牽涉、應用到許多的學科和技術，1970 年代以前的化妝品主要是以製造產品為主，到了 1990 年代，產品的單一功能和安全性已經無法滿足消費者的需求。由於化妝品科技的高度發展與科技的進步，消費者對化妝產品的認識，對產品的功能性要求逐漸趨向於「多效合一」；如洗髮產品：不僅要有清潔效果還要能護髮、抗靜電、柔軟、防止分叉、斷裂等功效；洗臉用品：不僅可以把臉洗乾淨甚至希望還能有抗痘、保濕、收斂毛細孔等功效；就連洗衣精也希望是全效的；可以同時具有洗淨衣物、去除臭味、消毒、殺菌、增艷等功效；保養品：希望可以兼具防曬、美白、抗老化⋯⋯等的功效；現今受到速食文化的影響，而希望將各類產品的所有功效都能夠集合在一個配方中。同時又能兼具環保意識的訴求，因此較經濟且無污染的原料取得、技術和產品製造技術的開發就變得相當的重要。

六 化妝品科技與食品科技的結合

在歐美各國召開的多項國際性化妝品科技會議中都得到一項相同的結論，就是要正視女性保養肌膚時的健康需求；除了裝扮與治療性的產品外，如何提供消費者具有健康功效的美容產品，將是今後化妝品科技的發展重心。因此能夠內服的食品就如同塗抹在肌膚表面的外用品，也該歸類於這類具有健康功效的美容產品中。

專家認為上述結論將會對美容保養觀念的走向產生很大的影響，在 21 世紀，化妝品產業將會主導這一股結合化妝品科技與食品科技的潮流，來發展更符合女性消費需求的美容食品。

歐美的皮膚科醫生大力倡導「Cosmegenesis」的新觀念，是由「Cosmetics」和「Genesis」組合而成，是利用調整飲食的方式，由內而外讓自我展現出自然動人、健康亮麗的姿態。

「Cosmetic」源自於希臘文「Kosmetikos」，是指利用人為的方式來使自己具有吸引力，「Genesis」在拉丁文中則是指萬物原有的根源或形態，就是從無到有的自發性創造過程。因藉彩妝或保養品來裝扮僅能維持短暫的美麗，唯有生活起居正常、營養攝食均衡才能維持亮麗的外表。然而現代人受到生活型態、環境污染以及心理壓力等的影響，很難如願的、全心全意的自我呵護，因此專家認為藉由飲食調整的方式來強化個人體質、回復原有健康狀態的生活方式，就成為了現代女性健康美麗的最佳方式。

從醫學研究的觀點來看，由於陽光中的紫外線和日益惡化的空氣品質使得皮膚加速老化，且長期處於乾燥的冷氣房中也會使皮膚因為缺水、乾燥而產生細紋；此外，工作和生活的壓力更是使得日常生活

作息不正常成了常態，造就了青春痘、黑斑、皮膚黯淡無光澤……等眾多的皮膚問題出現；因此，如何經由補充特定的營養素或是具有生理活性的物質來維持原有的美貌，就成了值得專家們研究探討的問題了。經許多科學研究的結果證實：藉由攝取某些特定的食品來調節人體的生理機能，就能夠以由內而外的方式，從根本改善體質，來達成皮膚美白、延緩老化、保持肌膚彈性等維持健康膚質的目的。

▌表 1-1　與 Cosmogenesis 相關的食品解析

食品種類	牛奶	維生素 C	當歸
生理活性成分	蛋白質 鈣質 維他命 A 維他命 B_2 維他命 D 磷質 微量活性物質	抗壞血酸 (Ascorbic acid)	當歸精油 胺基酸 維他命 A 維他命 B_{12} 維他命 E 有機酸 抗菌物質
作用機轉	1. 幫助骨質堅實 2. 提高抵抗力 3. 增強免疫力 4. 強化腸胃吸收 5. 保護呼吸系統	1. 形成膠原物質 2. 健全血管管壁 3. 增強肝臟解毒功能 4. 抗氧化、清除自由基 5. 幫助鐵質吸收	1. 健全子宮機能 2. 促進紅血球增生 3. 增加血紅素的攜氧量 4. 安定神經 5. 消除疼痛 6. 擴張周邊微血管

♟ 表 1-1 　與 Cosmogenesis 相關的食品解析（續）

食品種類	牛奶	維生素 C	當歸
研　究 結　果	1. 預防骨質疏鬆症 2. 減少黑斑 3. 減少青春痘的發生 4. 預防高血壓 5. 讓臉色看起來紅潤	1. 健全肌膚膚質 2. 美白肌膚 3. 防止皮膚泛黃黯淡 4. 預防體型浮腫 5. 預防癌症 6. 保持眼睛明亮	1. 月經正常來潮 2. 解除神經緊張 3. 減輕頭痛 4. 減少生理期疼痛 5. 緩解生理期不適 6. 強化體質
成　人 建　議 攝取量	250~500ml／天	60~100ml／天	視個人體質而定

皮膚與化妝品

An Introduction to Cosmetics

皮膚雖然可以顯現出一個人的年齡、健康，但與一個人的日常生活保養是否適當及生活環境也有很大的關係。使用化妝品主要的目的是為了美化和保護皮膚，因此不論是對化妝品有興趣的製造、研發者或是消費者，都應對人體皮膚的組成及其相關的生理特性有基本的瞭解。

 皮膚的結構

皮膚覆蓋在全身的外表層，保護身體免受外界環境變化、污染等刺激。皮膚的厚度會隨年齡層、性別和部位而不同。通常男性的皮膚較厚，但女性的脂肪層厚一些。眼瞼的皮膚最薄，腳底最厚。皮膚由外而內大致可分為三層：源自外胚層的表皮(Epidermis)；源自中胚層的結締組織，即真皮(Dermis)，以及皮下組織(Subcutaneous)，如圖 2-1。

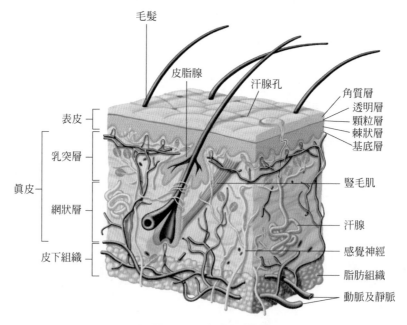

● 圖 2-1　皮膚結構圖

（一）表皮(Epidermis)

　　表皮中含有 20～30%的水分和 5～7%的脂肪，最薄處為眼瞼，只有約 0.lmm；最厚處主要分布在手掌和腳踝處，約 0.7mm。主要由四種型態的細胞組成：

1. 角質細胞(Keratinocyte)：

　　是表皮層中進行代謝作用的主要細胞。主要的功能是：可以促進皮膚的角質化，以生成角質蛋白後，再分裂代謝形成全部的表皮層。角質蛋白是一個相當複雜的蛋白質，分子量約 $5 \times 10^4 \sim 7 \times 10^4$ 之間，軟質的角質蛋白位於表皮的最外層；即角質層，硬質的角質蛋白則為毛髮與指甲的主成分。

2. 麥拉寧色素細胞(Melanocyte)：

　　是讓皮膚產生顏色的細胞。成熟的麥拉寧色素細胞存在於表皮與真皮的接合處，毛髮的毛球和真皮層中。在表皮和真皮接合處以及毛球的麥拉寧色素細胞是樹枝狀的，而在真皮層中則為兩極細胞或紡錘狀的。主要的功能是：創造膚色、保護皮膚抵抗紫外線對皮膚的侵害。

3. 蘭格罕氏細胞(Langerhans cell)：

　　是德國人 Paul Langerhans 在 1868 年發現的，直到 1973 年才被證實是在皮膚的免疫反應中可以察覺抗原給淋巴球的細胞，來自骨髓，具有免疫功能。

4. 莫克耳氏細胞(Merkel's cell)：在神經末梢，負責感覺功能。

　　表皮是皮膚的最外層，由內而外可以分成五層，如圖 2-2：

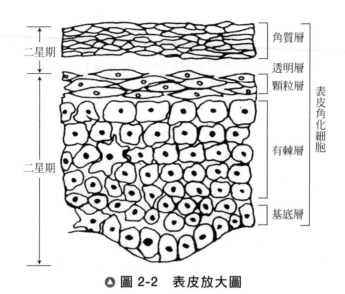

二星期

二星期

角質層

透明層

顆粒層

有棘層

基底層

表皮角化細胞

● 圖 2-2　表皮放大圖

(1) 基底層(Base cell layer；Stratum germinatium)：

是嗜鹼性的圓柱型或方型細胞和樹突狀的黑色素細胞所組成，具有細胞核，與真皮相接。其中表皮的基底層細胞約占 95%，黑色素細胞約占 5%，此層由真皮上部之毛細血管得到營養後，經有絲分裂而複製、產生的新細胞，是表皮的來源。複製後的新細胞一個留在基底層，一個往上層移動進入有棘層，與有棘層同具細胞增殖的能力，增殖後逐漸移往外層。因具有補充角質層之消耗的能力，所以也稱為種子層(Germinal layer)。產生黑色素的色素芽細胞也在此層，黑色素細胞的主要功能是合成黑色素(Melanin)，如圖 2-3，以供應表皮細胞，平均每一個黑色素細胞供應 36 個表皮細胞的黑色素。就人體而言，臉部和生殖器部位的黑色素細胞較多，軀幹的黑色素細胞較少，為膚色決定層，也是形成不同膚色人種的主要原因，膚色較深是因為黑色素細胞會分泌較多的黑色素體(Melanosomes)，黑色素體是由較成熟的黑色素所形

成，若角質細胞中的黑色素體較大、較分散及分散較慢，膚色就會較深，但白人與黑人的黑色素細胞的構造和數量是相同的。

　　此層細胞與化妝品科技有密切的關係；均勻漂亮、無斑點瑕疵的膚色與黑色素細胞有關；皮膚要能常保年輕、亮麗、光滑則與基底層細胞的新陳代謝、角質蛋白的製造和細胞間脂質的功能有關。

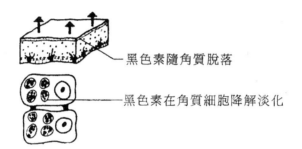

黑色素隨角質脫落

黑色素在角質細胞降解淡化

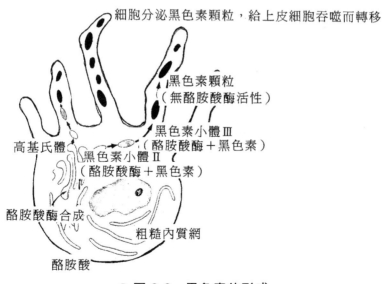

細胞分泌黑色素顆粒，給上皮細胞吞噬而轉移

黑色素顆粒
（無酪胺酸酶活性）

高基氏體

黑色素小體Ⅲ
（酪胺酸酶＋黑色素）

黑色素小體Ⅱ
（酪胺酸酶＋黑色素）

酪胺酸酶合成

粗糙內質網

酪胺酸

● 圖 2-3　黑色素的形成

(2) 有棘層（棘皮層；Stratum spinosum）：

　　由數層圓形或多角型細胞構成，具有細胞核和纖維絲束的細胞質突起物。這些絲束合併成許多小型細胞的衍生物，終止於棘狀突起尖端的胞橋小體，因細胞彼此緊密連接，顯微鏡下可見充滿棘刺的外觀，所以稱為有棘層。越往上越平坦，是表皮中最厚的一層；此層細胞具有生命力，細胞和細胞間有空隙，淋巴腺分泌的淋巴液在這一層流動，也和真皮層的淋巴循環相通，供給表皮所需要的養分，所以可以藉由按摩（淋巴引流技術）來促進循環，增進新陳代謝。此層已有較多的角質蛋白纖維出現。

(3) 顆粒層(Stratum granulosum)：

　　由 1~2 層扁平的脂肪細胞形成，有細胞核，其細胞質間含有多量的角質化透明膠質顆粒(Keratohyaline granules)，可以反射光線，防止異物進入表皮的內層。顆粒中含有大量的組織胺酸(Histidine)的蛋白質，這些顆粒在高基氏體形成後，會移動到細胞膜附近，部分會與細胞膜融合並放出內含物到顆粒層的細胞間隙中，這些分泌物包含葡萄胺聚醣(Glucosaminoglycan)和磷脂質(Phospholipid)，是構成角質細胞間結合的物質，形成防止外來物質穿越的障壁，保持皮膚的封閉性。

　　顆粒層是表皮細胞開始死亡的階段，細胞由此開始慢慢的失去其生命力，顆粒層的自噬小體(Autophagosomes)數目會漸漸增加，自噬小體中所含的溶解酶會消化細胞的胞器形成角質層和細胞間脂質。脂質的成分也開始變化，含膽固醇(Cholesterol)、神經醯胺(Ceramides)及甘油脂(Glycolipids)。

(4) 透明層(Stratum lucidum)：

當顆粒層中的細胞變成均勻透明的物質時就形成了透明層，只存在於手掌和腳掌，所以在手掌、腳掌可以看到內部血液的顏色而呈現紅色。這層細胞的細胞核和胞器都不明顯，細胞質中有電子密集的基質形成的電荷障壁，對於電解質的穿透有抑制作用，可以阻止電解質任意穿透皮膚，所以美容上為了方便帶電物質如鹽類，或其他有效物質的經皮吸收，常需藉助電子儀器進行導入和導出處理。此層屬於水不溶性（角質層蛋白質有 15%水可溶性），但會溶於酸或鹼中，因此常會因為汗水的侵蝕而變性角化。

(5) 角質層(Stratum corneum)：

是顆粒層和細胞膜乾燥後完全角質化而形成脂質障壁的地方，越近表皮處常呈枯死狀態。角質細胞為死細胞，形狀平坦且硬，最外層的老細胞隨時準備脫落，角質層若過度粗厚將會使皮膚看起來晦暗無光澤。大多數的傳統化妝品都作用在表皮的角質層。角質層是扁平無核的角化細胞，其間充滿了絲狀的硬蛋白，稱為角質素或角質蛋白(Keratin)，是由長蛋白鏈組成，含有豐富的雙硫鍵架構，主要的功用是防止水分蒸發、抵禦外界的光和熱、化學的、機械的摩擦傷害，並有規律的傳送細胞間脂質(Intercellular lipid)到皮膚表面。其細胞和細胞間隙為膽固醇、抱合脂質(Sphingolipids)及游離脂肪酸。細胞間脂質的多寡將會影響表層角質的含水程度，對展現出皮膚的美有決定性的影響。通常老年人有較多且厚的角質層，約 16.9 層；年輕人則約有 11.9 層。

成人與嬰兒的皮膚不同是因為嬰兒的皮脂腺還不發達，分泌脂肪少，所以肌膚細膩不會長青春痘，但卻很容易罹患嬰兒溼疹。嬰兒的

微血管遍布全身，水分、養分充分的被輸送到每寸肌膚，因此能滋潤細緻的皮膚；成人分泌的皮脂較多，為了要把這些脂肪排出去所以毛細孔會變大，皮膚看起來會較粗糙。脂肪分泌的多少因人而異，因此有些人的皮膚看起來較光滑，有的較粗糙，但無論如何都比不上嬰兒的細膩光滑。

再加上影響表層角質含水量的兩個因素：水合能力和障壁功能；年輕時由於皮膚的細胞間脂質含量較豐富，使得表皮細胞和細胞間能夠互相緊密的排列，阻止內部水分的散失；年紀大時皮膚中的天然保濕因子減少、水合能力降低、細胞間脂質減少、障壁功能衰退、角質的含水量漸少，新陳代謝的功能也隨之趨緩。

皮膚的新陳代謝是從基底層開始分裂，經過有棘層至顆粒層。由基底層產生的細胞約經過兩星期（14 天）才會達到顆粒層，接著由顆粒層到達角質層，然後成為污垢，再經由皮膚排泄掉，這個時間也需要兩星期，即皮膚在 4 星期（28 天）內可以完成新陳代謝；整個角質細胞的生命週期大約是 28 天，前面有生命的約 14 天，後面沒有生命的也約 14 天（因為進入角質層後細胞就沒有生命了），由圖 2-2 可以看出。

細胞分裂時產生的新細胞中一個會上升，一個會留在基底層繼續行使細胞分裂的能力。被陽光曬黑的皮膚可以恢復是因為：被照射到的細胞內的黑色素和細胞分裂時，上升的那個細胞同時到達皮膚表面，形成了污垢而脫落，所以可以恢復。

角化細胞間的脂質成分對角質層的障壁有很大的保護作用，其中含有神經醯胺(Ceramide)、膽固醇(Cholesterol)和游離脂肪酸(Free fatty acid)……等成分。現代護膚化妝品就是針對研究這些相關的成分，開

發出一系列具角質修護性質的護膚產品。角化細胞間脂質的組成分和基底細胞的細胞間脂質的組成分並不相同，因為角質細胞在角化的過程中會受到酵素的分解而改變原有的組成分，所以角質細胞若能正常代謝以及酵素作用若能確保脂質的正常生成，就有助於角質層細胞結合的完整性，使得皮膚結構緊密。

此外，代謝的角質蛋白和天然保濕因子都是在角化過程中所形成的蛋白質纖維束，或是由其他蛋白質分解成的小分子，如胺基酸(Amino acid)。

角質蛋白中水溶性蛋白約占 15%，不溶性細胞原質蛋白約 65%，不溶性細胞膜蛋白約 5%，其中不溶性細胞原質蛋白的主要功能是可以防止水分蒸發。

天然保濕因子(Natural Moisturizing Factor, NMF)是一群具有吸濕性、可以調節水分作用的低分子量的水溶性物質，在角質層中約含有 15~20%，因為是皮膚本身可以產生的保濕成分所以稱為天然保濕因子。其主要成分包含 40.0%游離的胺基酸(Free amino acid)，12.0%2-吡咯烷酮-5-羧酸鈉(Sodium 2-pyrrolidone-5-carboxylate, PCA·Na)，12.0%乳酸鹽(Lactate)，7.0%尿素(Urea)，6.0%氯化物(Chloride)，5.0%鈉離子(Na^+)，4.0%鉀離子(K^+)，1.5%鎂離子(Mg^{++})，1.5%鈣離子(Ca^{++})，1.5%包含氨(NH_3)、尿酸(Uric acid)、葡萄糖胺(Glucosamine)以及肌酸(Creatinine)，0.5%磷酸鹽(Phosphate)，0.5%檸檬酸鹽(Citrate)、甲酸鹽(Formate)，和 8.5%的未知成分。目前化妝品中常添加天然保濕因子來增加角質層的水合能力，調節皮膚的水分。

（二）真皮(Dermis)

真皮最薄處在眼睛四周，約 0.6mm；最厚處在手掌和腳掌處，約 3mm，是皮膚結構的中間層，也是最複雜的一層。此層既結實又富有彈性，主要是由堅韌且具支撐性的纖維蛋白質類所形成的結締組織，包括膠原纖維和彈力纖維。膠原纖維是構成細胞外間質的主要蛋白質，占乾燥皮膚淨重約 77%，可賦予真皮抗拉強度，彈力纖維賦予皮膚彈性。真皮層的細胞分布較不緊密，細胞外空間較大，其間充滿了包外基質，這些成分如葡萄胺聚醣、酸性黏多醣等多醣類和纖維蛋白質都由纖維母細胞分泌。當合成纖維的纖維母細胞老化後，合成纖維的能力會降低，皮膚將會萎縮產生皺紋，並失去柔軟和彈性。真皮層中大部分的膠質葡萄胺聚醣(GAGS)是玻璃醣醛酸(Hyaluronic acid)和軟骨素硫酸鹽(Dermatan sulfate)所組成。其中葡萄胺聚醣占了大部分真皮層的體積，平時會和蛋白質結合成醣蛋白的形成存在，因保有大量的水分而成膠狀，這些水分有助於養分、廢棄物和激素的輸送，並可調節真皮層的水分平衡。真皮層將人體各部分緊緊的包在一起，讓其中的血管、淋巴管、神經、汗腺、皮脂腺以及毛根等不致突出或散落。真皮的重要功能在維持皮膚的養分、分泌和感覺等。過熱時血管會擴充以增加散熱速度，冷時則血管收縮以保持體溫。真皮和表皮間有明顯的界線，真皮的乳頭層形狀如手指般突起，與表皮的基底層突起物彼此密切的咬合，如圖 2-1。

1. 真皮層的結構要素包括：

(1) 纖維(Fibers)：

有彈力纖維(Elastic fibers)、膠原蛋白(Collagen)和網狀纖維(Reticulum fibers)等。

(2) 基質：

有醣蛋白(Glycoproteins)、酸性黏多醣體(Acid mucopolysaccharides)和中性黏多醣體(Neutral mucopolysaccharides)等。

(3) 細胞：

有纖維細胞(Fibroblast)、肥大細胞(Mast cell)、巨噬細胞(Macrophage)等。

(4) 器官結構：

有微血管分布，神經、分泌腺和毛髮等。

2. 真皮層由內而外包括網狀層和乳頭層：

(1) 網狀層：

由結締組織纖維和彈力纖維縱橫無序的交織而成，內含彈力纖維和膠原蛋白、肌肉纖維、組織球彈力纖維……等所組成的網狀結構，可以增加皮膚的強韌性，使皮膚具有彈性，並增進運動的方便。臉部或關節部位的彈力纖維較多，網狀層中的毛囊附有平滑筋纖維而成的筋纖維束之起毛筋，收縮可使毛髮垂直站立，而眉毛、睫毛則無起毛筋。此外，皮膚的附屬器官包括血管、淋巴管、神經、皮脂腺、汗腺、毛乳頭等都在這一層中；當年齡增加，皮膚失去彈性時表示乳頭層萎縮、彈力纖維等退化、再生能力減弱就會產生深層皺紋。

(2) 乳頭層：

由細小的組織纖維群組成，含有網狀纖維、微血管和神經，毛細血管分布廣泛，負責表皮養分和氧氣的運送；臉部膚色呈紅或蒼白與此處血液量多寡有關。此層含有豐富的水分，通常說的嬌嫩、有彈性的皮膚是因為角質層和乳頭層含有高比例的水分所表現出的外觀。

（三）皮下組織(Subcutaneous)

主要是由脂肪細胞組成，與真皮層沒有明顯的界線；主要的功能是可以吸收震動、阻隔熱、提供能量與熱量的來源、可以形成並儲存脂肪、可以進行脂肪的代謝，皮下組織內的神經和血管負責供應皮上層的營養。適當的皮下脂肪可以使皮膚展現良好的張力，太多則會使人肥胖。

 二 皮膚的附屬器官

皮膚的附屬器官包括毛髮、指甲和分泌腺。毛髮和指甲是由表皮細胞變化而形成的，是由皮膚角質層的主要成分角質蛋白構成的。一般將角質層中的蛋白質稱為軟角蛋白，毛髮和指甲中的蛋白質稱為硬角蛋白來加以區分；差別在其中胱胺酸(Cystine)的蛋白質含量不同：硬角蛋白的光胺酸含量較軟角蛋白高，導致硬角蛋白對外界的刺激和化學物質的侵襲有較強的抵抗力。角蛋白在生物化學上的定義是：由脊椎動物的表皮細胞作成的，細胞內蛋白質的多肽鍵間多以雙硫鍵(S-S)為架橋，所以多為不溶性物質。

1. 毛髮：

毛髮幾乎遍及全身，專司感覺，尤其是觸感，並有裝飾的功能。可以分成硬毛和軟毛，主要成分為角質蛋白，約占 95%，受損後無自行修復能力，依其構造可分為髮根、髮幹、髮梢。在皮膚內的是髮根，皮膚外的是髮幹、髮梢。毛髮的生長具有一定的週期，每一根毛髮都有獨自的生命，反覆的成長、脫落和新生。如圖 2-4，分為成長期

(Anagen)、退化期(Catagen)和休止期(Telogen)。在生長期才會有生長發育的現象，生長期間毛乳頭會增大，毛母細胞增生活躍，毛髮逐漸伸長，且毛囊可深入皮下組織。當毛髮開始停止生長時毛囊就會開始退化，毛球部會停止生產黑色素，且毛母細胞的增生活動減慢，最後停止。之後毛囊外的大部分細胞會被吞噬細胞消化而收縮，當毛根短縮回到豎毛肌起始處的下方時就進入了休止期。而後隨著新一代毛髮的生長、伸長，舊的毛髮會被頂出，自然脫落。自然脫落的頭髮每天約70～120 根。

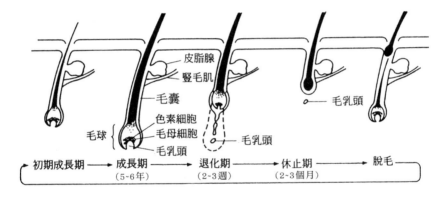

🔺 圖 2-4　毛髮的生長週期

（本圖引自：光井武夫著，陳韋達、鄭慧文譯：新化粧品學，合記出版社，1996 年）

　毛髮的結構分成毛乳頭、毛球、毛根、毛幹和毛囊；如圖 2-5。

(1) 毛乳頭(Dermal papilla)：

　　　即毛母，是毛球中央凹陷的部分，邊緣有毛母細胞可經由毛乳頭的微血管得到養分和氧氣，以進行細胞分裂、增殖而形成的毛髮。當毛母的色素形成細胞失去功能時，會生成不含黑色素的白髮。若破壞毛母的生長細胞，使失去生長的功能，則不會再生

毛髮，坊間的永久脫毛產品就是利用此原理。但因毛母的再生能力相當強，所以需重複施行才有可能達到永久脫毛的目的。

(2) 毛球(Hair bulb)：毛根下膨大的部分。

(3) 毛根(Hair root)：毛髮深入皮膚的部分。

(4) 毛幹(Hair shaft)：毛髮突出皮膚的部分。

(5) 毛囊(Hair follicle)：表皮向真皮層凹陷所形成的包圍毛根的部分。

若單純從毛幹的組成部分，則由內而外可分成：毛髓質、毛皮質和毛表皮，如圖 2-5。

(1) 毛髓質(Medulla)：

在毛髮中心的部分，含有液泡、極少角化的細胞、脂肪以及黑色素，僅存於硬毛中，軟毛中沒有毛髓質。

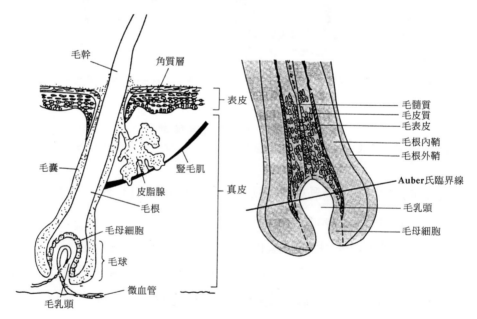

◎ 圖 2-5　毛髮的結構

（本圖引自：光井武夫著，陳韋達、鄭慧文譯：新化粧品學，合記出版社，1996 年）

(2) 毛皮質(Cortex)：

占毛髮 85%左右，是決定毛髮強度和柔軟度的地方。由一群含角質素的皮質細胞沿毛髮長軸方向排列而成，內含豐富的絲狀纖維質、水分、色素顆粒和氣泡，會賦予毛髮的顏色和彈性。完整的絲狀纖維含水力強，但若遭遇外力破壞則水分會蒸散導致枝毛斷裂。毛皮質表面陰電性密集，乾燥時易產生靜電。

(3) 毛表皮(Cuticle)：

或稱毛鱗層或毛鱗片，是毛髮的最外層，正常健康的頭髮約由7～8層扁平鱗狀角質細胞相互重疊覆蓋而成。由於其密集的特性使得離子由毛鱗層與毛鱗層之間進入較易，直接由毛鱗層本身穿越較難。毛鱗層具有保護頭髮內部免受傷害的功用，若經不當處理，如吹、燙、整髮等傷害後，可能會減少1～2層，導致毛髮外觀顯得無光澤、焦黃，甚至乾燥、斷裂。

毛髮的組成以蛋白質為主，此外還有一些脂質、水分、黑色素和微量元素。毛髮中主要的蛋白質是富含胱胺酸的角質蛋白，約由 18 種胺基酸組成，如表 2-1。表面的脂質是由皮脂腺分泌而得，主要成分是游離脂肪酸，另有膽固醇、蠟酯、三酸甘油酯、魚鯊烯等物質，如表 2-2。毛髮具有吸濕性，會隨溫度、溼度而改變，25°C、65%的相對溼度下，毛髮中的含水量約 12%左右。毛髮中黑色素含量在 3%以下，另含如鎂、鈣、銅、錳、鐵等微量金屬元素和磷、矽等無機成分。

🖌 表 2-1　主要角質細胞的胺基酸組成(%)

	胺基酸	人類毛髮的角質細胞	人類表皮的角質細胞
1	甘胺酸	e	6.0
2	胺基丙酸	2.8	-
3	纈胺酸	5.5	4.2
4	白（亮）胺酸	6.4	8.3
5	異（亮）白胺酸	4.8	6.8
6	苯胺基丙酸	2.4～3.6	2.8
7	脯胺酸	4.3	3.2
8	絲胺酸	7.4～10.6	16.5
9	息寧（羥丁）胺酸	7.0～8.5	3.4
10	酪胺酸	2.2～3.0	3.4～5.7
11	天門冬胺酸鹽	3.9～7.7	6.4～8.1
12	麩胺酸鹽	13.6～14.2	9.1～15.4
13	精（筋）胺酸	8.9～10.8	5.9～11.7
14	離（賴）胺酸	1.9～3.1	3.1～6.9
15	組（織）胺酸	0.6～1.2	0.6～1.8
16	色胺酸	0.4～1.3	0.5～1.8
17	胱胺酸	16.6～18.0	2.3～3.8
18	甲硫胺酸	0.7～1.0	1.0～2.5

(H. P. Lundgren, W. WH. Ward: *Ultrastructure of Protein fiber*, Academic Press N.Y., p39, 1963)

表 2-2　頭髮外部和內部脂質

	脂質成分	Koch		Zahn
		外部脂質(%)	內部脂質(%)	內部脂質(%)
1	魚（角）鯊烯	9.3	11.2	-
2	膽固醇酯和蠟酯	19.9	6.4	1.3
3	單甘油酯	3.9	7.7	-
4	雙甘油酯	1.8	5.6	0.3
5	三甘油酯	1.8	13.3	0.3
6	游離脂肪酸	45.2	50.2	20.7
7	膽固醇	1.8	5.6	0.8
8	極性脂質	-	-	76.6

(J. Koch, K. Aitzetmullet *et al.*: *J. Soc. Cosmet. Chem.*, 33, 317, 1982)

(H. Zahn, S. Hiltehaus-bong: *Int. J. Cos. Sic.*, *11*, 167, 1789)

★ Koch 等人的實驗結果認為頭髮內、外部脂質的組成分沒有差別,以游離脂肪酸居多,而 Zahn 等人的報告則認為內部脂質的主要成分是極性脂質。

　　如前述:毛髮是由角蛋白構成,藉由分子間化學鍵的相互作用使毛髮的結構更強韌,如圖2-6。這些化學鍵包括:離子鍵(鹽基鍵;$-NH_3^+-OOC-$):在 pH4.5～5.5(等電點)的範圍內結合力最大,約占角質蛋白強度的35%,很容易被酸或鹼破壞。胜肽鍵(-CO-NH-):是最強的結合方式。雙硫鍵(胱胺酸鍵;$-CH_2S-SCH_2-$):是含硫蛋白質特有的結合方式,也是賦予角質蛋白特徵的連接方式;目前燙髮就是利用還原劑切斷雙硫鍵後作成特定的形狀,再用氧化劑將被切斷的雙硫鍵交叉還原。氫鍵(C=O⋯HN):氫鍵和被水浸泡過的角質蛋白纖維比乾燥狀態下容易拉長有關。

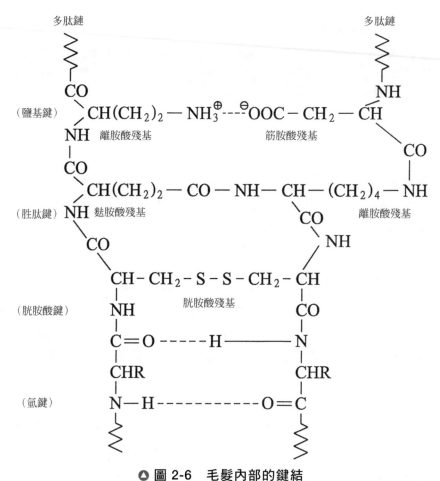

○ 圖 2-6　毛髮內部的鍵結

(S. D. Gershon *et al.*: *Cosmetics-Science and Technology*, p. 178, Wiley-Interscience, 1972)

2. 指甲：

相當於皮膚的角質層，是由硬角質蛋白組成的薄板。

3. 分泌腺：包含皮脂腺和汗腺。

(1) 皮脂腺(Sebbaceous gland)：

　　皮脂腺細胞是從未分化的基底細胞向上生成脂質低的細胞分化而成，最後細胞死亡分泌出皮脂，即隨著皮脂腺細胞的崩解和增生來產生皮脂，通過皮脂腺導管排到皮膚表面。皮脂腺位於毛囊上方，分泌的皮脂是用來滋潤皮膚和毛髮，分泌的量會受荷爾蒙和氣候的影響，主要的分泌物如表 2-3。

　　皮脂通常在 15～17°C 間開始有流動性，約 34°C 以上會開始融解，所以夏天的分泌量就顯得特別旺盛。皮脂通常會夾雜汗水和空氣中的污染物質，對皮膚造成負擔，因此需適度清潔，健康的皮膚清潔後約 15～20 分鐘就可再分泌出足夠的皮脂來保護皮膚免於乾燥。

▼ 表 2-3　皮脂的組成

	脂質	平均值範圍(Wt%)
1	三酸甘油酯(Triglycerides)	50～60
2	蠟酯(Wax esters)	26
3	魚鯊烯(Squalene)	12～14
4	游離脂肪酸(Free fatty acids)	14
5	單及雙甘油酯(Mono and Diglycerides)	5～6
6	膽固醇酯(Sterol esters)	1～3
7	膽固醇(Sterols)	2
8	脂肪醇(Fatty alcohols)	2

（本表引自：張麗卿編著，化粧品製造實務，台灣復文書局，1998 年）

(2) 汗腺(Sweat gland)：

　　分成小汗腺及大汗腺，在真皮層內，如圖 2-7。

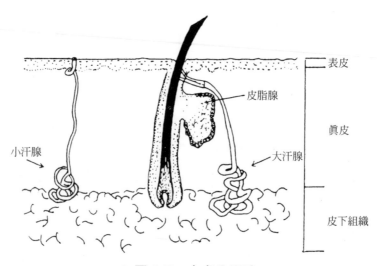

小汗腺

皮脂腺

表皮

真皮

大汗腺

皮下組織

● 圖 2-7　皮膚分泌腺

　　小汗腺(Eccrine sweat gland)是獨立腺體也是普通汗腺，主要生理功能為調節體溫。經由導管至表皮，在表皮表面形成小開口（約 300～400 萬個）以利排汗。所分泌的汗液中含鹽分、水分、尿素、尿酸、氨、胺基酸、乳酸、脂質、硫化物和電解質等物質，pH 值約 3.8～5.6，呈酸性。當人體無感蒸汗時，每小時約出 30ml 汗，大量出汗時，皮膚會從弱酸性變中性，此時角質易膨脹、受細菌感染，導致皮膚糜爛長痱子。

　　大汗腺又稱頂漿汗腺(Apocrine sweat gland)，只分布在有體毛和乳暈的部位，腺體較大但沒有獨立的汗孔，開口在毛囊內，分泌物的排泄口向著毛囊，至青春期才開始有分泌物，分泌物具小汗腺和皮脂腺的雙重性質，pH 值約 6.2～6.9，具濃稠性、鐵分多、含細胞碎屑，具特異臭味，是體味的主要來源；主要是由於汗液中所含的揮發性脂肪酸和揮發性氨所引起的，再經由細菌分解就會產生狐臭。

三 皮膚的生理功能

皮膚是具有多種功能的器官：

1. 保護作用：皮膚如同身體的屏障，有以下的保護作用：

(1) 就物理方面而言：

因皮膚中有角質層、彈力纖維和皮下脂肪，具有緩衝作用，使內部組織不至因受到外界機械性的撞擊、打壓而受傷。含有大量的毛細血管和淋巴可以促進傷口的癒合。

(2) 就化學方面而言：

皮膚表面保持一定的弱酸性 pH 值，對鹼有一定的中和能力，可減低接觸化學性有害物質時的刺激性。

(3) 對細菌而言：

皮脂中的不飽和脂肪酸具有殺菌作用，可以阻止皮膚上的細菌發育，且皮膚中有與免疫相關的細胞能夠抵抗外來物侵入皮膚。

(4) 對光線而言：

皮膚內的黑色素(Melanin)在遇到日光（紫外線）時會集中在表皮上過濾紫外線，以防止紫外線進入體內破壞血液中之血色素。

2. 調節體溫作用：

透過毛細血管的擴張和收縮來變化皮膚的血流量，並以出汗的方式帶走汽化熱來調節體溫。低溫時血管收縮可防止體溫下降；高溫時血管擴張散熱能力增加。

3. 感覺作用：

皮膚是重要的感覺器官，真皮層裡的神經網能將冷、溫、熱、觸、壓、痛等外來的刺激傳到腦部。

4. 呼吸作用：

皮膚中毛細血管的血液，可以從空氣中吸收氧氣取代血液中的二氧化碳，進行呼吸作用。

5. 分泌作用：

分泌主要來自皮脂腺和汗腺。皮脂腺分泌的皮脂是油性物質，可以防止皮膚過於乾燥、保持皮膚柔軟，並可保持皮膚及毛髮之光澤與彈性，同時具有保溫和禦寒的作用。汗的主要功能是發散熱量以調節體溫，同時排泄體內的廢棄物。

6. 合成作用：

皮膚可藉由陽光合成維生素 D。

7. 吸收作用：

物質要通過皮膚吸收到達體內有兩種途徑：經表皮吸收和經毛囊皮脂腺的吸收。由於角質層具疏水性；荷爾蒙和維生素 A、D、E、K，以及藥品、化妝品原料中的脂溶性物質很容易經皮膚吸收。

四　皮膚老化的因素

皮膚老化的原因是自然老化或受外在環境影響所致。老化的皮膚會顯得比較乾燥、表皮變薄、皮脂分泌量減少、角質代謝遲緩、彈性降低、皮膚鬆弛、皺紋增加，如圖 2-8。

1. 自然老化(lntrinsic aging)：

是指皮膚的一般功能降低和萎縮的變化，主要是受到遺傳因子的變化所致，隨著年齡增加，內分泌器官衰退，使各種荷爾蒙的分泌量減少導致皮膚機能的衰退，細胞的數量或水分減少，造成腺體分泌和新陳代謝衰退，使皮膚變得乾燥，失去柔軟、光澤和彈性。

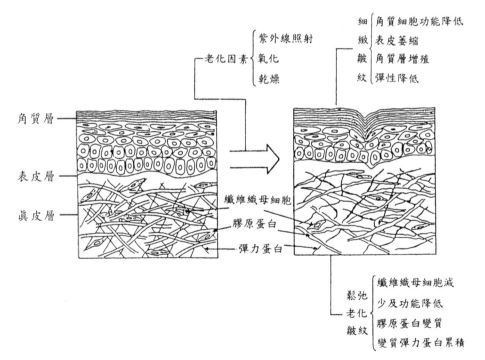

● 圖 2-8　皮膚老化的因素

　　人類自授精卵開始就有細胞分裂的現象發生，約 8 個月開始有類似皮膚的型態生成。足月的胎兒表皮很薄，色素顆粒少，透明度好。幼兒期色素漸增，真皮層中的纖維會快速成長而顯現出強韌的彈性，一直持續到青春期前，性荷爾蒙分泌旺盛時才停止，所以皮膚的青春期約在 20 歲左右，20～27 歲時會保有最佳的皮膚外觀；30 歲以後，由於荷爾蒙分泌量減少，表皮細胞的分裂能力降低，使得棘狀層細胞減少，皮膚開始緩慢的出現彈性疲乏的現象，看起來粗糙無光，至更年期後將更加明顯。此時皮膚在功能上的改變是：細胞的增殖、修護能力減緩導致較易受癌細胞侵襲，真皮層對化學物質的清除能力減退、免疫細胞減少等。

2. 外在環境影響如：

(1) 因壓力、不正常睡眠，導致身心過度疲勞；接觸菸、酒和刺激性食物等生活作息及飲食不正常的影響。

(2) 在選用化妝品和保養品時忽略了個人膚質的需求，使用了不適當的產品以至於增加了皮膚的負荷；不正確的洗臉、卸妝會使污垢堆積在皮膚或毛細孔中，都會防礙皮膚新陳代謝，甚至引起皮膚病變，都將使皮膚提早老化。

(3) 由於紫外線的過度照射引起皮膚產生光老化(Photoaging)的現象。高能量的紫外線可進入皮膚的較裏層，破壞正常細胞的抗氧化能力，造成脂質過氧化，產生過多的自由基，使皮膚提早老化。

　　皮膚老化後形成的皺紋大致分成細緻性皺紋和鬆弛性皺紋。

1. 細緻性皺紋(Fine wrinkle)：

　　是由於表皮角質細胞的增殖能力降低、代謝時間增長，造成角質層乾燥且失去柔軟性所形成。

2. 鬆弛性皺紋(Coarse wrinkle)：

　　是由於真皮層中的膠原蛋白和彈力蛋白發生變化，導致功能衰退甚至喪失，因而降低了對組織的修復能力，使真皮層變得鬆垮所致。

五　皮膚與化妝品成分的關係

　　化妝品塗在皮膚上，其中成分有被吸收和吸附兩種現象：

1. 吸收(Absorption)：

　　是指有些成分會穿透角質層達到表皮的深層、真皮層甚至皮下組織。

2. 吸附(Adsorption)：

　　是指化妝品內的成分只會停留在角質層表面。

　　化妝品成分使用於皮膚上需能經皮吸收或經皮穿透，才能將這些有效的成分帶入皮膚深層，發揮功能。

　　皮膚的主要功能之一是能夠形成並維持一個保護障壁，防止外來物穿入身體產生刺激，且能調節控制水分和熱的散失。化妝品經皮吸收的首要條件是要穿越角質層。

　　角質層主要是扁平的死細胞，分散排列在角質細胞間脂質中，這些脂質是由神經醯胺、膽固醇、脂肪酸、磷脂質、三酸甘油酯和其他油脂等油溶性成分所組成，相較下，油溶性的成分就比水溶性的成分容易被皮膚吸收。

　　化妝品能經皮吸收的途徑有三種，如圖 2-9：

1. 經由毛口、汗口或毛囊口吸收：

大部分藥物及少部分化妝品經由此途徑吸收。

2. 由角質細胞間隙滲入：

大部分化妝品經此途徑吸收。

3. 直接穿越角質層並向深層移動：

分子量小的化合物才可行，因此化妝品較少經此途徑吸收。

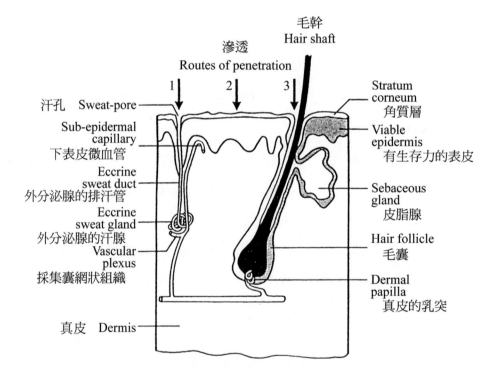

（a）經由毛口、汗口或毛囊口吸收

◎ 圖 2-9　經皮吸收的途徑

（原圖參考自：B. W. Barry, The Transdermal Route for the Delivery of Peptides and Proteins, Plenum Press New York 1986）

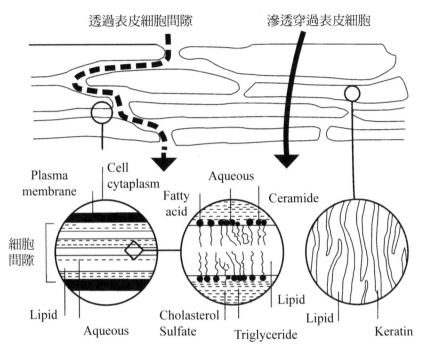

Plasma membrane
Cell cytaplasm
細胞間隙
Lipid
Aqueous
Fatty acid
Aqueous
Ceramide
Cholasterol Sulfate
Triglyceride
Lipid
Lipid
Keratin

(b)直接穿越角質層或由角質細胞間隙滲入

● 圖 2-9　經皮吸收的途徑（續）

（原圖參考自：B. W. Barry,The Transdermal Route for the Delivery of Peptides and Proteins,Plenum Press New Yord 1986）

　　大部分的化妝品成分是經由滲入角質細胞間隙擴散、滲入皮膚。不同成分對皮膚的滲透性不盡相同，因此經皮吸收的量也不相同，若在配方中添加如環酮類(Cyclopentadecanone)、氫化皮質酮(Cyclopentadecanolide)等滲透增強劑，就可使有效成分滲入真皮層中，增加有效成分進入皮膚的濃度，改善多數護膚保養品的成分只能作用在皮膚表面的缺點。

　　目前化妝品的主要趨勢是以皮膚的組成分為原料；因為這些成分屬於皮膚本身就會產生的，因此較不具傷害性和刺激性，較容易被消

費者接受。主要來源為表皮層的脂質、天然保濕因子和真皮層中的高分子成分如：

1. 表皮層脂質：表皮層的脂質包括：

(1) 三酸甘油酯和脂肪(Triglycerides and fatty acids)：

常用來當作化妝品成分的油相基劑，有柔軟、減少水分散失、增加角質的水合能力等功能，約占皮脂腺分泌物的 60%。

(2) 魚（角）鯊烯（Squalene, $C_{30}H_{50}$，三十碳六烯）：

常被氫化成海鮫油(Squalane)後加在護膚保養品中當作柔膚劑和皮膚吸收劑，是一種安全性高、化性穩定的油性基劑，約占皮脂腺分泌物的 12%。

(3) 神經醯胺(Ceramide)：有數種不同結構的型式如下

Ceramide 1：

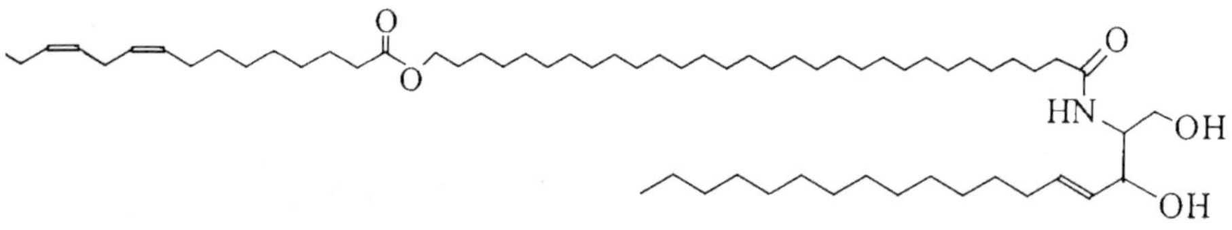

Ceramide 2：

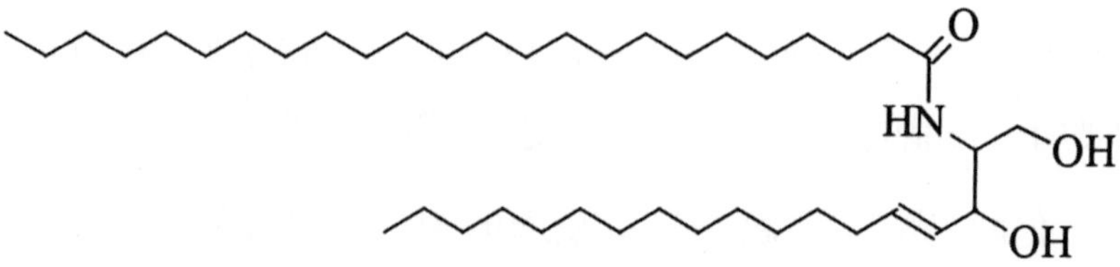

Ceramide 3：

Ceramide 4：

Ceramide 5：

Ceramide 6-I：

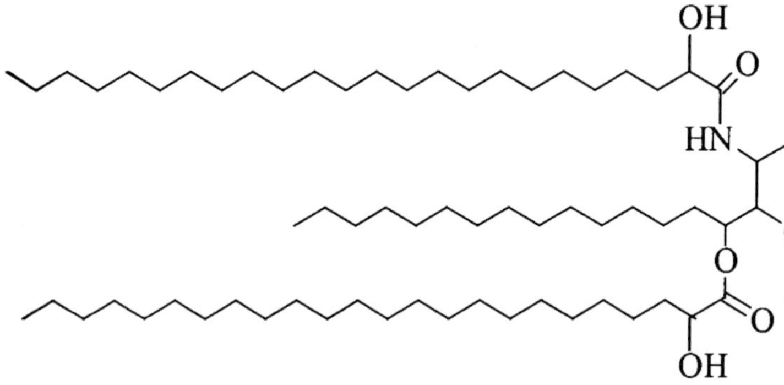

Ceramide 6-II：

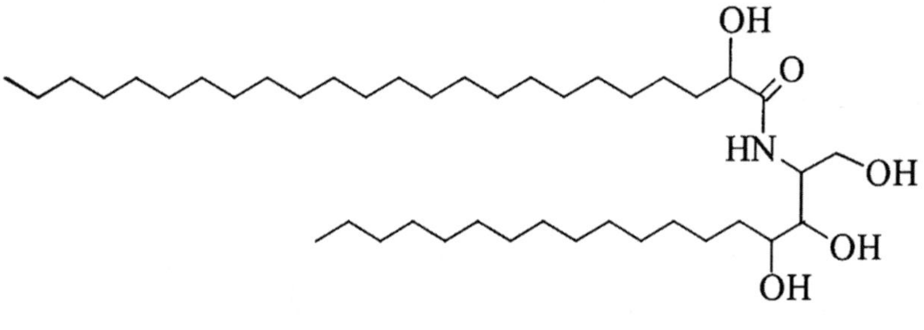

神經醯胺又稱分子釘，由表皮細胞製造生成，暫存於顆粒層細胞中，會適時自動釋出於角質細胞間，形成角質層完整的阻隔系統。是角質中主要的極性脂質，對調節角質層水分含量、角質層結構的正常和屏障功能相當重要，在表皮防衛系統中扮演重要的角色。其中神經醯胺(Ceramide 1)經脂化後所產生的亞麻（仁）油酸(Linoleic acid)是人類無法合成的必需脂肪酸。神經醯胺(Ceramide 3)是目前市場上反應最接近受人體皮膚的神經醯胺，用在化妝品中可以改善表皮層的保濕結

構和細緻度，尤其可以調整細胞脂質維持正常的新陳代謝，提升皮膚的保濕能力，修復以及保護受損的皮膚。

神經醯胺是典型的生化萃取成分，由神經醯胺醇(Sphingosine)及脂肪和醣共同連結成的。使用在化妝品中以神經醯胺為名的成分有：

① 神經鞘脂質(Sphingolipid)：

是神經醯胺的前驅物，跟醣連接後就生成神經醯胺(Ceramid; Glycosphingolipid)，集中在各種哺乳類動物的腦部和脊椎中，有些植物中也有。

② 醣鞘脂質(Glycophingolipid)等。

2. 天然保濕因子：天然保濕因子包括：

(1) 乳酸(Lactic acid)：

乳酸及其鈉鹽是親水性物質，有脫屑和吸濕的作用，加在化妝品中具有保濕的作用。

(2) 尿素(Urea)：

屬於保濕成分，並可以協助其他成分經皮吸收，角質層中約含 $1.0 \sim 1.5\%$。

(3) 胺基酸(Amino acids)：

皮膚中游離的胺基酸包含甘胺酸、丙胺酸、絲胺酸、精胺酸、組胺酸、酪胺酸等，是角質層中重要的水合成分。

(4) PCA‧Na：

是一種鹽類，保濕能力比甘油好，角質層中約含 $3 \sim 4\%$。

3. 真皮層中的高分子：真皮層中的高分子成分如：

(1) 膠原蛋白(Collagen)：

　　人體中的膠原蛋白依立體結構不同有許多型態，但當作化妝品原料的膠原蛋白需先經過水解成小分子量的蛋白（水解膠原蛋白；Hydrolyzed collagen），使較容易經皮膚吸收至真皮層。

(2) 彈力蛋白(Elastin)：

　　水溶性物質，含有豐富的離胺酸。

(3) 麥拉寧色素(Melanine)：

　　由麥拉寧色素細胞合成，是抗紫外線的保護劑。

(4) 角質素(Keratin)：

　　如同膠原蛋白須先經水解成較小的分子，以胺基酸的型態跟皮膚作用。

(5) 黏多醣體：

　　黏多醣體中的玻尿酸(Hyaluronic acid)或稱玻璃醣醛酸是一種水溶性的聚合體，在人體內的作用是維持表皮結締組織細胞間脂質的水分，使皮膚具有彈性。本身有極強的保濕力，可吸收高達本身重量數百至數千倍的水分，在化妝品中是相當高級的保濕成分。可以從人類的臍帶、公雞的雞冠、小牛的氣管中萃取得到，目前也可得用生化技術從動物表皮層中的鏈索狀球菌發酵得到。

　　除上述成分外，皮膚中還有相當多的成分被應用在化妝品中作為原料，將會在後續的章節中陸續介紹。

界面活性劑與化妝品

An Introduction to Cosmetics

一 界面活性劑簡介

物質表面的分子和內部的分子，由於所處的環境不同，表面分子的自由能比內部分子的自由能大，因此性質特殊；若非將物質放在真空中，其表面將會是兩個不同相(Phase)的界面。水從水龍頭滴下的瞬間是球型的，是由於水分子間的凝（內）聚力將水表面的分子向內拉，使其表面收縮成最小的表面積，這種向內的引力稱為表面張力(Surface tension)，如圖 3-1。互不相溶的兩種液體的界面也有這種張力存在，稱為界面張力(Interfacial tension)。

某物質溶於水、油或其他溶劑後，因較容易被吸附於溶液的表面或界面，而可降低液體的表面張力或兩相間界面張力的物質，稱為界面活性劑(Surfactant)。界面活性劑因可減少相當多的表（界）面張力，可增加溶液的滲透性、濕潤性及乳化性，改善粉體在液體內的分散性；又因其特殊的化學構造，會產生溶化(Solubilization)的特性，所以可以用作濕潤劑、滲透劑、乳化劑、分散劑和溶化劑等，在自然科學研究或各種工程上的應用相當廣泛。在化妝品、家用清潔劑的配方中加入界面活性劑將具有清潔、乳化、分散、滲透、可溶化、殺菌、去靜電等不同的作用。

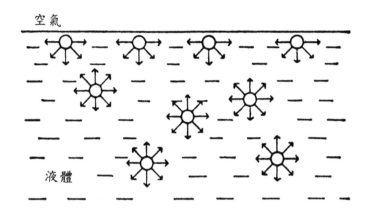

◎ 圖 3-1　液體的表面與內部分子間之引力

1. 界面活性劑在化妝產品中最主要的功能有二：

(1) 穩定化妝品劑型：

如在乳化製品中擔任乳化劑降低油、水的界面張力，增加乳化產品的穩定性。

(2) 擔任化妝品主劑：

如在洗髮精、沐浴乳等清潔產品中，真正能發揮除去污垢的主要成分就是界面活性劑。

2. 要能成為界面活性劑有三個要點：

(1) 必須同時具有親水基 (Hydrophilic, Lipophobic) 和親油基 (Lipophilic, Hydrophobic)。

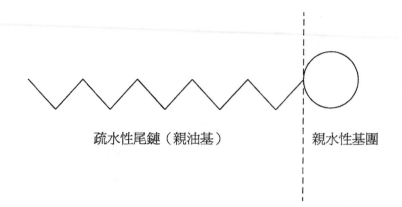

疏水性尾鏈（親油基）　　　　　親水性基團

(2) 分子量要夠大（通常在 200 以上）。

(3) 親水基和親油基的分子量要能平均，才能同時降低親水性和親油性原料的界面張力。如：

　　　例一：$CH_3(CH_2)_2COO^-Na^+$：親水基(COO^-Na^+)遠大於親油基$(CH_3(CH_2)_2)$，無法成為界面活性劑。

　　　例二：$CH_3(CH_2)_{14}OH$：親油基$(CH_3(CH_2)_{14})$遠大於親水基(OH)，也無法成為界面活性劑。

3. 界面活性劑具有下面的特性：

(1) 臨界微胞濃度(Critical Micelle Concertration, CMC)：

　　界面活性劑溶於水中解離成離子的比率本不多，若干溶解的界面活性劑由於分子本身的親油性相當強，會有數十分子聚集在一起不分開的情形，此時親油性的部分會向內集結形成球狀，稱為微胞(Micelle)，微胞間始形成時，溶液中界面活性劑的濃度稱為臨界微胞濃度；可由測量水溶

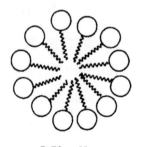

Micelle

液的導電度、滲透壓、表面張力等……物理性質與濃度之急劇變化點得到，CMC 值會因界面活性劑的種類、化學構造、HLB 值而異。

(2) 表面張力的降低：

　　界面活性劑吸附在液體的表（界）面會降低液體的表（界）面張力，此現象會隨界面活性劑的濃度增加漸趨明顯，在到達 CMC 的濃度時表面張力會降到最低，越過後將不再下降，如圖 3-2。此現象相當具有利用價值，如進行可溶化作用時，界面活性劑最適當的添加量，或想發揮洗淨作用時，界面活性劑的最低使用量都可以 CMC 的濃度為標準。

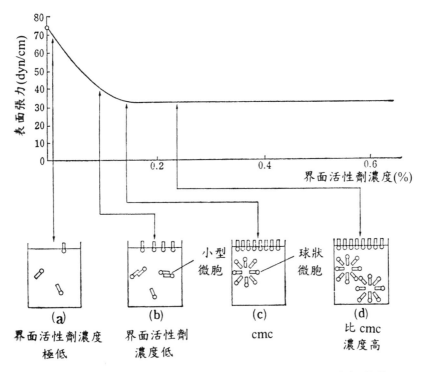

◎ 圖 3-2　表面張力－濃度曲線與界面活性劑之溶解狀態

(3) 溶化作用(Solubilization)：

在界面活性劑高於 CMC 以上的水溶液中，加入第三種物質後使兩種原來不互溶的液體產生相互溶解的現象稱為溶化作用。加入的第三種物質稱為可溶化劑，在化妝品中通常是指界面活性劑。如化妝水中的香料多不溶於水，我們可以利用香料的溶化現象，加入 CMC 以上濃度的界面活性劑即可使之溶化。

(4) 乳化作用(Emulsfication)：

在不能互溶的兩種液體中加入第三種物質，使其中一種液體以 0.2~50μ 的液滴懸浮分散在另一液體中的現象稱為乳化作用，混合液稱為乳液(Emulsion)。加入的第三種物質稱為乳化劑(Emulsifier)，在化妝品中通常是指界面活性劑。乳化狀態屬於熱力學不穩定的狀態，因此製造產品時需考慮：應如何乳化？和如何穩定乳化狀態？

乳化狀態有兩種：

① O/W（水中油）型：以水為外相（連續相），油為內相（分散相），如牛奶。

② W/O（油中水）型：以油為外相（連續相），水為內相（分散相），如奶油。

二　界面活性劑的 HLB 值

界面活性劑都由親水性和親油性基團組成，當親水性部分強度較強時，整個分子會呈現親水性而不溶於油；反之，親油性部分強度較強時則呈現親油性而不溶於水。美國製造界面活性劑著名的 Atlas Powder 公司的工程師 W. C. Griffin 於 1949 年發明以 HLB(Hydrophilic

Lipophilic Balance)值來表示界面活性劑分子中的親油基和親水基的平衡，最大值約 40，最小值為 1，HLB 值越大表示該界面活性劑的親水性越強。HLB 值與界面活性劑的用途如表 3-1：

🏆 表 3-1　HLB 值與界面活性劑的用途

	HLB 值	加入水中的狀態	主要用途
1	1~4	不能分散	消泡劑
2	4~6	粗粒子（少量）分散	O/W 型乳化劑
3	6~8	激烈攪拌後成乳狀分散	濕潤作用、濕潤劑
4	8~10	安定乳液狀	O/W 型乳化劑
5	10~13	半透明溶液	O/W 型乳化劑，洗淨劑
6	13~15	幾乎呈透明分散	O/W 型乳化劑，洗淨劑
7	15~18	透明分散	O/W 型乳化劑，可溶化劑

W. C. Griffin 整理許多實驗數據，如以山梨糖脂肪酸酯（Span 型）和聚氧乙烯山梨糖脂肪酸酯（Tween 型）單獨或混合使用，找出各種油類最佳乳化之乳化劑混合比，提出下面的實驗式：

$$\frac{(W_A \times \mathrm{HLB}_A) + (W_B \times \mathrm{HLB}_B)}{W_A + W_B} = \mathrm{HLB}_0$$

W_A：乳化劑 A 之重量%。

W_B：乳化劑 B 之重量%。

（以上是乳化劑 A、B 乳化時最佳之配合重量比）。

HLB_A：乳化劑 A 之 HLB 值。

HLB_B：乳化劑 B 之 HLB 值。

HLB_0：該油最佳乳化時之 HLB 值。

三 界面活性劑的分類

界面活性劑依其在水溶液中能否解離，可分為離子型與非離子型兩大類。

1. 離子型界面活性劑(Ionic surfactant)：

依解離後的電荷型態又可分為三類：

(1) 陰離子型界面活性劑(Anionic surfactant)：

界面活性劑溶於水中時，親水性基團會解離成帶負電荷的陰離子基團，而其相對離子(Counterion)則為陽離子。陰離子型的界面活性劑通常具有清潔作用。在親水基方面會表現出界面活性的帶負電荷的分子基團，包括：羧酸、硫酸酯、磺酸、磷酸型……等數種，再與對離子如鈉離子、鉀離子、三乙醇胺離子等，形成可溶性的鹽類，至於親油基的部分則以長鏈烷基與異烷基為主。如：

$$RCOO^-Na^+（皂類）$$
$$RC_6H_4SO_3^-Na^+（烷基苯磺酸鹽類）$$

(2) 陽離子型界面活性劑(Cationic surfactant)：

界面活性劑溶於水中時，親水基的部分會表現出界面活性的基團而解離為帶正電荷的陽離子基團，而其對離子則為陰離子。陽離子型界面活性劑通常具有抗靜電、殺菌、防霉、柔軟、潤滑等的作用。如：

$$RNH_3^+Cl^-（脂肪胺鹽類）$$
$$RN(CH_3)_3^+Cl^-（第四級銨鹽類）$$

(3) 兩性離子型界面活性劑(Amphoteric surfactant)：

　　界面活性劑分子內同時具有陽離子型基團以及陰離子型基團。一般而言，兩性界面活性劑在鹼性環境下屬於陰離子型，具有清潔、起泡的作用；在酸性環境下是屬於陽離子型，具有潤絲、抗靜電、殺菌的作用；在等電點的環境下則會呈現出非離子型的特性，有泡沫安定及增稠的效果。

　　兩性界面活性劑可以降低一般陰離子型界面活性劑刺激性的缺點，且毒性較小，具有洗淨、殺菌、潤絲、發泡以及軟化的效果，可用來製造洗髮精和嬰兒用品。如：

$$R^+NH_2CH_2COO^-（長鏈胺基酸）$$
$$RN^+(CH_3)_2CH_2CH_2SO_3^-（磺酸基甜菜鹼）$$

2. 非離子型界面活性劑(Non ionic surfactant)：

　　界面活性劑分子的親水性原子團並不會解離，分子內無明顯電荷存在，而是以極性官能基如羥基(-OH)、醚基(-O-)、醯胺基(-CONH-)、酯基(-COOR)等和水分子產生氫鍵。非離子型界面活性劑的溶解度變異極大，會隨親水基（聚氧乙烯鏈）長度與氫氧基數目的不同而改變，據此性質也可合成多種不同 HLB 值的非離子型界活性劑，HLB 值的差異可導致溶解度、濕潤度、滲透力和乳化力等性質的不同。如：

$$RCOOCH_2CHOHCH_2OH（長鏈脂肪酸單甘油酯）$$
$$RC_6H_4(OC_2H_4)_nOH（聚環氧乙烷烷基酚）$$

四　化妝品中常見的界面活性劑

　　用在化妝品中的界面活性劑除需考慮其安全性外，更需注意對皮膚可能產生的影響；要作為霜類製品用在皮膚上的乳化劑需對皮膚無刺激性、過敏性，才能無憂無慮的擦在皮膚上。如十二烷基硫酸鈉(Sodium Lauryl Sulfate, SLS)具有強清潔力、強起泡力，但若加在護膚配方中會造成過度去脂，所以只適合用作洗劑。

（一）陰離子型界面活性劑

　　在化妝品中主要作為清潔和起泡成分。

1. 琥珀酸酯磺酸鹽（磺基琥珀酸酯類，Sulfosuccinate ester）：

$$R_1-\!\!\!-\!\!\!-O-\overset{\overset{\displaystyle O}{\|}}{C}-\underset{\underset{\displaystyle SO_3^-Na^+}{|}}{CH}-CH_2-\overset{\overset{\displaystyle O}{\|}}{C}-O-\!\!\!-\!\!\!-R_2$$

　　可由琥珀酸-2-磺酸鹽與高級脂肪醇產生酯化反應而得，具有中度去脂的能力，發泡性佳、對皮膚和眼睛的刺激性很小，可用在洗髮精、泡沫沐浴乳、液體肥皂等清潔配方中當作起泡劑、泡沫安定劑，或當洗面劑的成分。可與其他陰離子型洗劑或陽離子型調理劑搭配使用來調節泡沫。常用的原料有：Disodium laureth sulfosuccinate、Disodium lauramido MEA-sulfosuccinate、Dioctyl sodium sulfosuccinate（2-辛基琥珀酸酯磺酸鈉鹽）、Disodium oleamido MIPA sulfosuccinate。

2. 烷基磷酸酯鹽(Alkyl phosphate)：

$$\left[R_1 - CO(CH_2CH_2)_n - O - \overset{\displaystyle O}{\underset{\displaystyle OR_3}{\overset{\|}{P}}} - OR_2 \right]^{-} Na^{+}$$

　　具溫和、中度去脂能力，使用此類界面活性劑的產品需調節至中性至弱鹼性的環境下，才能發揮洗淨的功效，對鹼性會過敏的膚質不適宜長期使用。因親膚性佳，洗時和洗後觸感均佳，可用在臉部、身體的清潔用品中當作主要的清潔成分。常用的原料有：Mono alkyl phosphate(MAP)。

3. 醯基肌氨酸鹽(Acyl amide, Sarcosinate)：

$$RC - NCH_2COO^{-} M^{+} \atop \overset{\displaystyle O}{\|} \quad \overset{\displaystyle CH_3}{|}$$

　　具中度去脂能力、刺激性低、起泡力佳、化學性質溫和，常與其他界面活性劑搭配使用，可作為洗髮精、沐浴乳和臉部用品的清潔成分。常用的原料有：Sodium cocoyl sarcosinate、Sodium lauroyl sarcosinate。

4. *N*-醯牛磺酸鈉鹽(Taurate)：

$$R-CH_2CH_2CH_2CH_2CH_2-\overset{\overset{\displaystyle O}{\|}}{C}-\underset{\underset{\displaystyle CH_3}{|}}{N}-CH_2CH_2SO_3^-Na^+$$

可在低 pH 值下使用，起泡力、清潔力佳，無刺激性，可由醯基氯化物(Acyl chloride)與甲基乙磺酸鹽(Methyl taurate)在鹼的存在下產生脫酸反應，或由高級脂肪酸和甲基乙磺酸鹽產生脫水縮合反應，皆可得到醯基 *N*-甲基乙磺酸鹽。這類陰離子型界面活性劑安全性高、耐酸鹼，起泡力、溶解度、分散性不受硬水影響，可應用於洗髮精、沐浴乳、洗面乳、液體肥皂、泡沫膠、泡沫浴及家用清潔用品。常用的原料有：椰子酸醯基 *N*-甲基乙磺酸鈉鹽(Sodium methyl cocoyl taurate)、油基醯基 *N*-甲基乙磺酸鈉鹽(Sodium methyl oleyl taurate)及椰子酸醯基 *N*-甲基-2-羥基乙磺酸鈉鹽(Sodium cocoyl isethionate)。其中醯基 *N*-甲基-2-羥基乙磺酸鈉鹽較溫和、無刺激性對肌膚有柔軟作用。

5. 麩醯胺酸鹽(Acylglutamate)：

$$HOOC-CH_2CH_2-\underset{\underset{\displaystyle NH-\overset{\overset{\displaystyle O}{\|}}{C}-R}{|}}{CH}-COO^-Na^+$$

弱酸性的胺基酸界面活性劑，採用天然成分為原料製得。因為弱酸性，對皮膚的刺激性很小，親膚性很好，可提供皮膚柔軟感，是目前高級洗面乳的清潔成分，但價格較為昂貴，可長期使用不會傷害皮膚；亦可作為洗髮精、沐浴乳、合成皂和臉部用品的清潔成分。常用

的 原 料 有 ： Acylglutamate、 Sodium *N*-lauryl-glutamate、 Sodium *N*-cocoyl-l-glutamate 等。

6. 烷基硫酸酯鹽(Alkyl sulfates)：

先用氯磺酸(Chlorosulfonic acid)或無水硫酸將高級脂肪醇(Fatty alcohol)硫酸化，再用鹼進一步中和即可製得烷基硫酸酯鹽。其洗淨力、發泡力均佳，去脂力極強，是油性肌膚或男性專用洗面乳最常用的清潔成分。但因去脂力極強，對皮膚具有潛在的刺激性，會將皮膚表面生成的皮脂膜過度去除，長期使用會導致皮膚本身的防禦能力降低，引起皮膚炎、皮膚老化等現象發生；且在硬水中安定性較差，最好配合較溫和的第二種介面活性劑一起使用，以降低產品的刺激性，敏感性和乾性肌膚勿用；烷基硫酸酯鹽還可用來製造洗髮精和牙膏及其他洗劑產品。常用的原料有：月桂基硫酸酯鈉鹽（十二烷基硫酸鈉，Sodium lauryl sulfate, SLS, $C_{12}H_{25}OSO_3Na$）、月桂基硫酸酯銨鹽(Ammonium lauryl sulfate, ALS, $C_{12}H_{25}OSO_3NH_4$)、TEA lauryl sulfate（十二烷基硫酸三乙醇胺鹽，Triethanolamine lauryl sulfate, TEA-LS）等。

$$C_{12}H_{25}OH+H_2SO_4（或 ClSO_3H）\rightarrow C_{12}H_{25}OSO_3H$$
月桂基醇　　　　　氯磺酸　月桂基醇硫酸酯
$$+NaOH \rightarrow C_{12}H_{25}OSO_3Na（月桂基醇硫酸酯鈉鹽）$$

7. 烷基醚硫酸鹽（聚氧乙烯烷基醚硫酸鹽，Polyoxyethylene alkyl ether sulfate）：

$$\diagdown\diagup\diagdown\diagup\diagdown\diagup\diagdown\diagup\diagdown\diagup\diagdown—(OCH_2CH_2)_X—SO_4^-\ Na^+$$

　　高級脂肪族醇與環氧乙烯(Ethylene oxide)產生聚合反應後，再將其硫酸化並進一步以鹼中和即可製得。產品的刺激性會隨 x 的增加而降低，但當 x=2 或 3 時，起泡性和清潔效果會最好。烷基醚硫酸鹽在製造過程中會產生戴奧辛(dioxane)，且戴奧辛的含量應被控制在 50ppm 以下，其去脂力、起泡力、洗淨力佳，對皮膚和眼睛黏膜的刺激性稍低於 SLS；且價格低廉，已大量使用作為洗髮精、沐浴乳和臉部用品的清潔成分。常用的原料有：聚氧乙烯月桂基醚硫酸酯鈉鹽，聚氧乙烯十二烷基硫酸鈉(Sodium Lauryl Ether Sulfate, SLES)、聚氧乙烯十二烷基硫酸銨(Ammonium Lauryl Ether Sulfate, ALES)　Sodium laureth-2 sulfate、Sodium trideceth sulfate 等。

8. 醯基磺酸鹽(Acyl isethionate)：

$$R-\overset{\overset{\displaystyle O}{\|}}{C}-OCH_2CH_2SO_3^- M^+$$

　　有優良的洗淨力和濕潤性，在 pH 值 5～7 時清潔、起泡力最穩定，對皮膚的刺激性低，十分適合正常肌膚使用，有極佳的親膚性，洗後皮膚不會過於乾澀且有柔嫩的感覺。主要被用在合成香皂時、作為皂鹼的分散劑，可以改善肥皂與皮膚的觸感，並賦予皮膚濕潤感，尤其在洗臉和嬰兒用產品中。常用的原料有：椰油基羥乙基磺酸鈉(Sodium cocoyl isethionate)等。

（二）陽離子型界面活性劑

　　吸附在物體表面呈現正電性，去污力、懸浮力差，少用於洗滌，多為四級銨鹽(Quaternary ammonium salt)，在化妝品中主要用於調理髮膚；對皮膚有潤濕效果，對頭髮有柔軟作用，殺菌、織物纖維之柔軟和去靜電等功效。因具殺菌作用，用量不可太高，通常用量在 2%以下。

1. 十八烷基三甲基氯化銨(Stearyl trimethyl ammonium chloride)：

在中性和酸性環境下穩定，具有使頭髮柔軟和抗靜電的功用，在潤髮乳中具抗靜電、利梳的成分。

$$\left[CH_3(CH_2)_{16}CH_2-\overset{\displaystyle CH_3}{\underset{\displaystyle CH_3}{N}}-CH_3 \right]^+ Cl^-$$

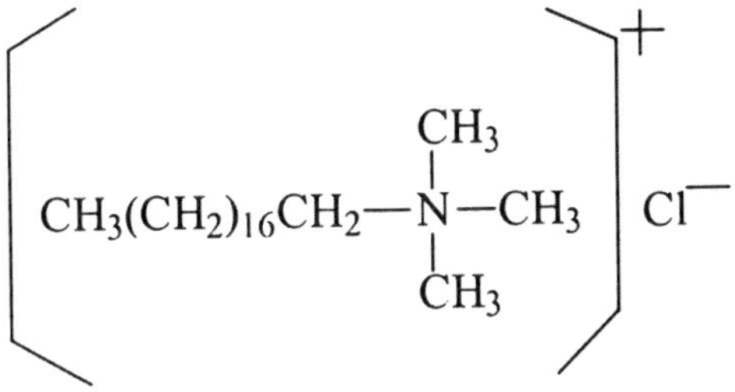

2. 十六烷基三甲基氯化銨(Cetryl Trimethyl Ammonium Chloride; Cetrimonium chloride, CTMAC)：

在中性和酸性環境下穩定，具有使頭髮柔軟和抗靜電的功能，在潤髮乳中具抗靜電、利梳的成分，常與前者搭配使用。

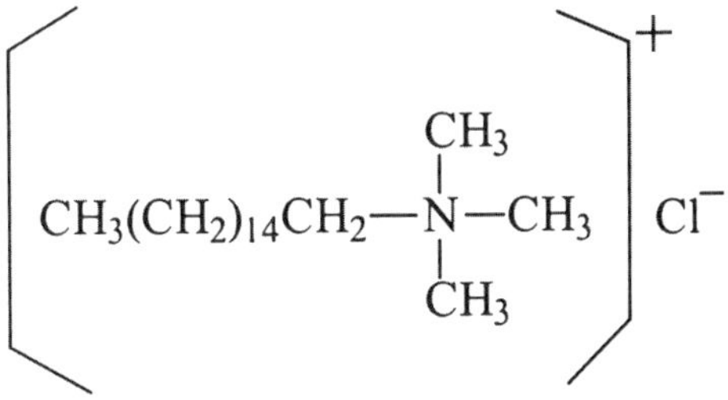

$$\left[CH_3(CH_2)_{14}CH_2-\overset{\displaystyle CH_3}{\underset{\displaystyle CH_3}{N}}-CH_3 \right]^+ Cl^-$$

3. 烷基二甲基苄基氯化銨(Benzalkonium Chloride; Alkyl dimethyl benzyl ammonium chloride)：

可作為殺菌劑、消毒劑、除臭劑。

$$\left[\underset{CH_3}{\overset{CH_3}{CH_2-N-R}} \right]^+ \quad Cl^-$$

$$R = C_{16\sim22}$$

（三）兩性型界面活性劑

　　兩性型界面活性劑的性質及功能與所處環境的酸、鹼值有關，在酸性環境下會顯現出陽離子基團的特性，具有柔軟、去靜電、濕潤、殺菌的功效；在鹼性環境下會顯現出陰離子基團的特性，具有清潔、起泡的能力；在等電點(Isoelectric point, pI)的 pH 值時可發揮兩性型界面活性劑的特質，具有泡沫安定和增稠的效果。此型界面活性劑刺激性低、起泡性佳，適合乾性肌膚或嬰兒製品配方，若與陰離子型界面活性劑並用，可降低陰離子型界面活性劑的刺激性。

1. 烷基甜菜鹼型(Alkyl betain)：

　　常用的有月桂基甜菜鹼(Lauryl Betain)。

$$CH_3(CH_2)_{10}CH_2 - \underset{CH_3}{\overset{CH_3}{N^+}} - CH_2 - COO^-$$

　　刺激性較後者高、發泡力高、洗淨力中等，可以改進主要界面活性劑的特性，調配出適當的產品，降低產品對皮膚及黏膜的刺激性，常用在洗髮精、潤絲精中。

2. 烷基醯胺甜菜鹼型：

常用的有椰子醯胺丙基甜菜鹼(Cocoamidopropyl Betaine; CAPA, Lauramidopropyl Betain)。

$$CH_3(CH_2)_{11}-\overset{\overset{\displaystyle O}{\|}}{C}-NH-CH_2CH_2CH_2-\overset{\overset{\displaystyle CH_3}{|}}{\underset{\underset{\displaystyle CH_3}{|}}{\overset{+}{N}}}-CH_2-COO^-$$

中等洗淨力、刺激性低、起泡性佳且具增稠作用，適用於乾性肌膚或嬰兒清潔製品配方，常用於低刺激性配方的洗髮精，緩和強去脂力配方的輔助界面活性劑、臉部清潔製品。是目前液體洗劑中最常見的次要界面活性劑。

市面上甜菜鹼型兩性界面活性劑通常是配成 30%溶液，其中還含有約 6%NaCl 的反應副產物，加入陰離子型的配方中可增進該配方與髮膚的相容性；此外，加入兩性界面活性劑也可以使配方溶液中的微胞(micell)粒子增大，增加該配方的黏度。

烷基醯胺甜菜鹼型界面活性劑是在烷基甜菜鹼型界面活性劑中加長了水溶性部分的鏈長，刺激性變小了，也就較常被使用。

3. 咪唑甜菜鹼型(lmidazoline)：

常用的有 Acylamphoglycinate、2-烷基-N-羧甲基-N-羥乙基咪唑甜菜鹼(2-Alkyl-N-Carboxy-methyl-N-Hydroxyethylimidazolinium betaine)如下。

$$R - \begin{array}{c} N \\ \\ \\ \\ \\ N^+ \end{array}$$

$$-OOCCH_2 \quad CH_2CH_2OH$$

　　是兩性界面活性劑中毒性和刺激性最小的一型，具起泡、濕潤、浸透、防腐、耐硬水和改善頭髮柔軟度的功效，作為洗髮產品時，若 pH 值調在 6.5～7.5 間可以同時清潔、抗靜電一次完成。常用在溫和配方的洗髮、潤髮用品和皮膚乳液中。

（四）非離子型界面活性劑

　　利用多元醇和高級脂肪酸進行縮合反應製得。常用的多元醇包括：乙二醇(glycol, Ethylene glycol, EG)、丙二醇(Propylene Glycol, PG)、丙三醇（甘油，Glycerine, glycerol）、己六醇（山梨糖醇，Sorbitol）、聚氧乙烷(Polyoxyethylene, POE)等，在化妝品中主要作為乳化劑。此類介面活性劑分子的親水性原子團並不會解離，而是以極性官能基如羥基(-OH)、醚基(-O-)、醯胺基(-CONH-)、酯基(-COOR)等，和水分子產生氫鍵，所以產品的酸鹼性對其功能較無立即的影響。非離子型界面活性劑的溶解度變異極大，會隨親水基（聚氧乙烯鏈）長度與氫氧基數目的不同而改變，據此性質也可合成多種不同 HLB 值的非離子型界面活性劑。在應用上作為洗淨劑時可與陰離子型和兩性型界面活性劑互相搭配使用，也可以和陽離子型界面活性劑搭配製造洗淨、柔軟一次完成的配方。

1. 烷醇醯胺(Alkanolamide)：

烷醇醯胺在熱鹼液中安定，但在熱酸液中不安定。具有助泡性和增黏性，常添加在以陰離子型界面活性劑為主的洗髮精、洗面乳中作為助泡劑、增稠劑。常用的原料有：椰子油脂肪酸二乙醇醯胺(Coconut fatty acid diethanolamide)、月桂酸二乙醇醯胺(Lauric acid diethanolamide; Cocamide DEA)、月桂酸單乙醇醯胺(Lauric acid monoethanolamide; Cocamide MEA)等。

$$CH_3(CH_2)_{10}-\overset{\overset{\displaystyle O}{\|}}{C}-N(CH_2CH_2OH)_2$$

Cocamide DEA

2. 氧化胺(Amine oxide)：

$$\left[R-\overset{\overset{\displaystyle CH_3}{|}}{\underset{\underset{\displaystyle CH_3}{|}}{N^+}}\rightarrow O^-\right]$$

與兩性界面活性劑不同的是，隨著 pH 值的改變，此型界面活性劑可能呈現出陽離子或非離子型界面活性劑的特性，而不會呈現出陰離子型界面活性劑的特性，可添加在以陰離子型界面活性劑為主的洗髮精中作為催泡劑、增稠劑，並可降低刺激性，也可以加在染髮產品中。常用的原料有：Lauryl dimethyl amino oxide。

3. 烷基聚葡萄醣苷(Alkyl polyglucoside)：

是以天然植物為原料合成得到的界面活性劑，對皮膚和環境無任何毒性或刺激性，可經生物分解，清潔力適中，常用於皮膚和頭髮的清潔製品。常用的原料有：Alykyl poplyglucoside(Lauryl poplyglucose, APGs)。

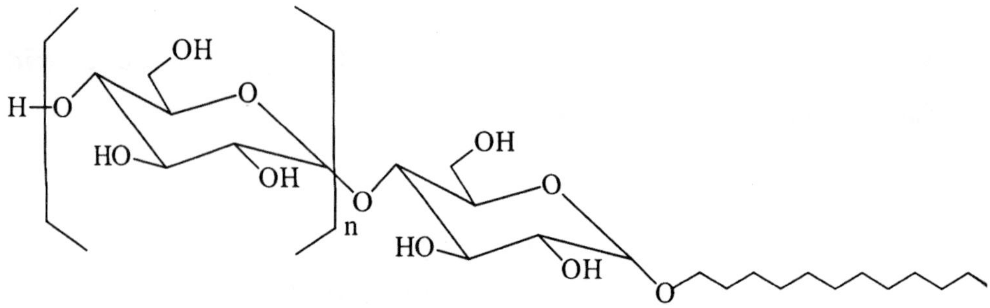

4. 聚氧乙烯型非離子型界面活性劑(Polyoxyethylene type nonionic surfactants)：

在鹼的催化及常壓或加壓的環境下，使環氧乙烷與親油基發生附加聚合反應即可製得此種非離子型界面活性劑。代表性的親油基有：高級脂肪族醇、高級脂肪酸。由於得自環氧乙烷的附加聚合，此種界面活性劑並非單一成分，而是具有聚合度分布的混合物。

(1) 醚型(Ether type)：

環氧乙烷鏈較短的可作為乳化劑，長的（15 莫耳以上）可作為清潔劑。一般使用在不會接觸到皮膚的製品如洗衣、廚房用清潔劑中。

$$R\text{-}(CH_2CH_2O)_n\text{-}OH\text{；}R=C_{12\sim24}$$

如：Laureth-4：$CH_3(CH_2)_{10}CH_2(OCH_2CH_2)_4OH$

(2) 酯型(Ester type)：

可作為乳化劑、黏度調整劑。一般使用在乳液和霜類製品中。

$$R-\overset{\overset{\displaystyle O}{\|}}{C}-(OCH_2CH_2)_nOH \qquad R = C_{12\sim18}$$

如：PEG-4-Laurate：

$$CH_3(CH_2)_{10}-\overset{\overset{\displaystyle O}{\|}}{C}-(OCH_2CH_2)_4OH$$

5. 蔗糖酯類：可作為乳化劑，如：

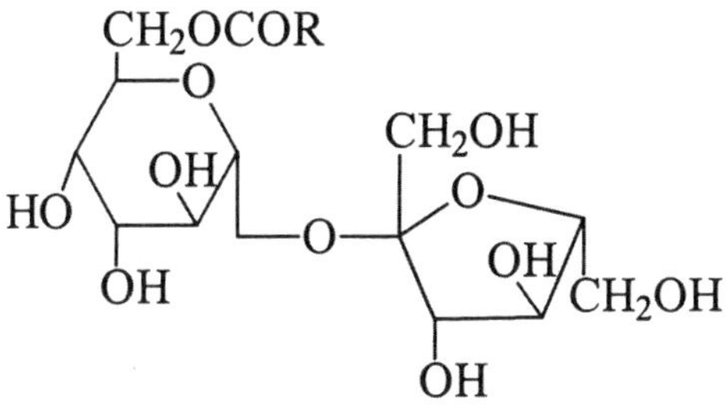

Sucrose fatty acid ester

6. Span & Tween 系列非離子型界面活性劑：

美國 Atlas 公司開發的山梨糖醇酯型非離子型界面活性劑的品種，都以 "Span" 的商品名在市面出售。Span 系列是由山梨糖醇和碳鏈長度不同的高級脂肪酸，在強鹼高溫(230～250℃)下所合成的山梨糖醇脂肪酸酯，藉改變親油性部分的化學結構來製造出不同的油溶性傾向，屬於油溶性的非離子型界面活性劑，主要作為乳化劑，具有優良的乳化效果。

$$C_{15}H_{31}COOH + H_2\overset{\overset{\displaystyle OH}{|}}{C}-\overset{\overset{\displaystyle OH}{|}}{CH}-\underset{\underset{\displaystyle OH}{|}}{CH}-\overset{\overset{\displaystyle OH}{|}}{CH}-\overset{\overset{\displaystyle OH}{|}}{CH}-\overset{\overset{\displaystyle OH}{|}}{CH_2}$$

棕櫚酸　　　　　　山梨糖醇（己六醇）

$\xrightarrow[\text{230 ~ 250 °C}]{\text{NaOH}}$

山梨糖醇單棕櫚酸酯（Span 40）

　　另外 Atlas 公司將聚氧乙烷(Polyoxyethylene, POE)附加於 Span 系列，加強了親水性部分的強度，以增加該乳化劑的親水性，稱為 Tween 型非離子型界面活性劑。依 HLB 值不同，分別作為非離子型 O/W 乳化劑、助溶劑、乳化安定劑及色料分散劑。可應用在頭髮保養霜及乳液、香水、芳香劑中。其中 Tween 20 起泡性不佳但刺激性非常小，常用在嬰兒洗髮精中。

OH
OH
O
O
O
OH
Span 40
+
20
O
H(CH2CH2O)xO
O(CH2CH2O)yH
O
O
O
O(CH2CH2O)zH
x + y + z = 20

Tween 40

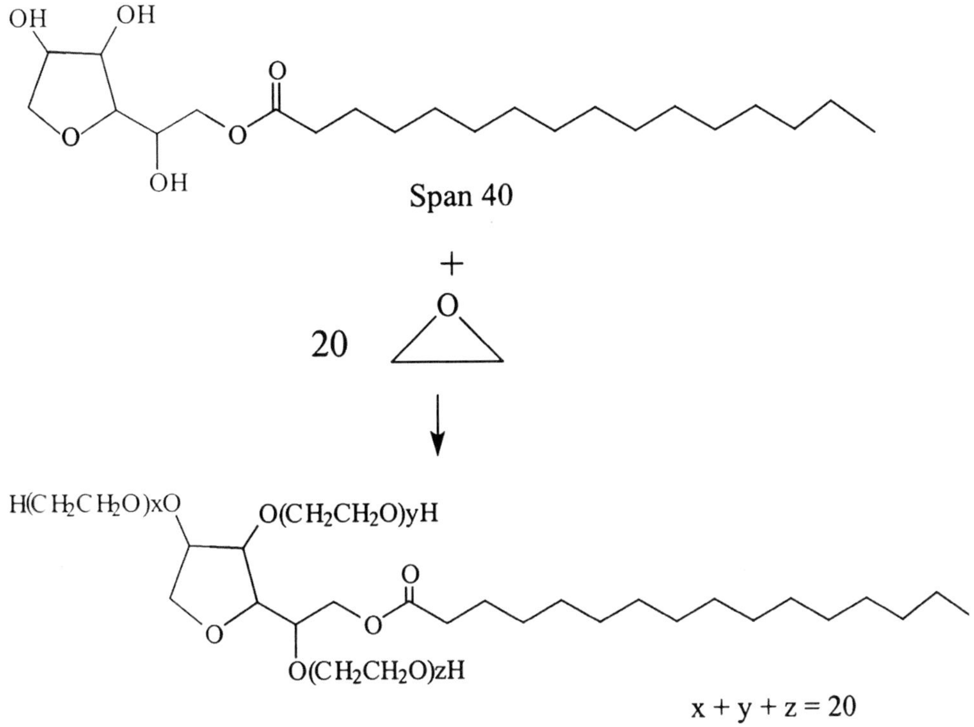

🍶 表 3-2　常用 Span 和 Tween 系列界面活性劑

	商品名	英（中）文名稱	HLB 值
1	Span 20	Sorbitan monolaurate（己六醇月桂酸酯）	8.6
2	Span 40	Sorbitan monopalmitate （己六醇棕櫚酸酯）	6.7
3	Span 60	Sorbitan monostearate （己六醇硬脂酸酯）	4.7
4	Span 65	Sorbitan tristearate（己六醇三硬脂酸酯）	2.1
5	Span 80	Sorbitan monooleate（己六醇油酸酯）	4.3
6	Tween 20	POE 20 Sorbitan monolaurate （聚氧乙烯己六醇月桂酸酯）	16.7
7	Tween 40	POE 20 Sorbitan monopalmitate （聚氧乙烯己六醇棕櫚酸酯）	15.6
8	Tween 60	POE 20 Sorbitan monostearate （聚氧乙烯己六醇硬脂酸酯）	14.9
9	Tween 65	POE 20 Sorbitan tristearate （聚氧乙烯己六醇三硬脂酸酯）	10.5
10	Tween 80	POE 20 Sorbitan monooleate （聚氧乙烯己六醇油酸酯）	15.0
11	Tween 85	POE 20 Sorbitan trioleate （聚氧乙烯己六醇三油酸酯）	11.0

化妝品原料介紹

An Introduction to Cosmetics

　　由於化妝品科技的進步與發展，化妝品原料的來源也更多元化，從傳統的動植物油脂、人工合成物質、生化科技的應用到天然植物萃取成分，包羅萬象、日新月異，除前章提及之界面活性劑外，一個完整的配方需有的基本成分架構，如表 4-1。

　　由於化妝品常用在皮膚和毛髮上，所以在使用和選擇基本原料時必須考慮下列條件：

1. 功能優良、符合使用目的。

2. 安全性良好。

3. 具有優良的抗氧化性等穩定性佳。

4. 不含異味。

表 4-1　化妝品原料的基本架構

	基本架構	原料類型
1	基劑	1. 疏水性油脂蠟（用於保養品） 2. 親水性保濕劑（用於保養品） 3. 界面活性劑（用於清潔製品） 4. 不溶性粉體（用於彩妝製品）
2	賦型劑	乳化劑、溶化劑、高分子增稠劑
3	添加劑	1. 抗菌劑（防腐劑、殺菌劑） 2. 抗氧化劑 3. 香料 4. 色料 5. 活性成分

（本表引自：張麗卿編著：化粧品製造實務，台灣復文書局，1998）

　　此外還需考慮法律上的規定（請參照行政院衛生福利部食品藥物管理署，化妝品衛生安全管理法，中華民國 107 年 5 月 2 日公布實施及相關法規和公告），除被許可的化妝品原料基本成分外，若有新原料，需確認其使用量、安全性後得到許可才能使用。

一　疏水性油脂蠟類

　　油、脂、蠟類是化妝品中相當重要的基本油溶性原料，依來源不同可以分成植物性、動物性、礦物性和合成性四類油、脂、蠟。其中動物性油、脂、蠟與皮膚的相容性較佳，較容易被皮膚吸收，但較不易保存。其次是植物性，因來源多，在化妝品上使用得相當廣泛。最難被皮膚吸收的是礦物性，但因價格便宜，且對皮膚的封閉效果最佳、安定性高，故常被使用。合成性合成的目的是要改善天然的缺點，因此較安定，較易保存，但需考慮對其皮膚生理可能產生的負面影響。

　　動植物油、脂的結構是三酸甘油酯(Triglyceride)，常溫常壓下呈現液態的是油(Oil)，呈現固態的是脂(Fat)。動植物蠟的結構是單酯類。這些酯類在酸性條件下反應可以水解產生高級（至少含八個碳以上）脂肪酸和高級脂肪醇（或甘油）。

動植物油、脂的合成及水解

$$3 \text{ CH}_3\text{—C—OH} + \begin{matrix} \text{CH}_2\text{—OH} \\ \text{CH}_2\text{—OH} \\ \text{CH}_2\text{—OH} \end{matrix} \underset{\text{H}^+}{\overset{}{\rightleftarrows}} \begin{matrix} \text{CH}_2\text{—O—C} \\ \text{CH}_2\text{—O—C} \\ \text{CH}_2\text{—O—C} \end{matrix} + \text{H}_2\text{O}$$

　　　脂肪酸　　　　　甘油　　　　　三酸甘油酯（油、酯）

動植物蠟的合成及水解

$$
\underset{\text{高級脂肪酸}}{\overset{\displaystyle O}{\underset{\displaystyle C}{\parallel}}\!-\!OH} \quad + \quad \underset{\text{高級脂肪醇}}{} OH
$$

$$
\xrightleftharpoons[\ H^+\ ]{} \quad \underset{\text{蠟}}{\overset{\displaystyle O}{\underset{\displaystyle C}{\parallel}}\!-\!O} \quad + H_2O
$$

　　油、脂、蠟類通常是混合物，分子越大流動性越差，熔點越高，若碳鏈中含有 C=C 雙鍵時，熔點會降低。

　　礦物性油、脂、蠟是由比較不具極性的碳氫化合物所組成，通常含碳數 15～21 者為油(Oil)，22～30 為脂(Fat)，30 以上稱為蠟(Wax)。

　　化妝品中使用油、脂的目的是：

1. 賦予皮膚柔軟性及潤滑的光澤感，並促進脂溶性成分的經皮吸收，和防止皮膚的水分蒸發。

2. 促進細胞的修復再生以達抗老化的功效。

　　使用蠟的目的是：作為調節乳製品硬度的固化劑，此外，蠟類還可以提高油相的熔點，增強油相的疏水性膜，具有柔皮的功效，同時可以增加產品的光澤。有些天然蠟如蜜蠟、羊毛蠟的成分與人類皮脂的成分相似，所以可以當作護膚成分。

　　現代化妝品的保養用油幾乎是植物油的天下。植物油、脂係由植物的種子或果實經壓榨或溶劑萃取法煉製而成，植物蠟則多由生長於

熱帶的植物葉或果實上取得。因採自天然，較無合成油脂可能有純化不良的顧慮，且植物油中通常含有大量不飽和脂肪酸，在皮膚的修復再生中扮演了相當重要的角色。

當植物油中含有大量 C=C 時，會很容易跟空氣中的氧進行反應而呈乾涸狀，就不適用於化妝品中。

油脂原料之品質特性可由其碘價、酸價和皂化價來評估。

1. 碘價(Iodine value, IV)：

指 100 克油脂吸收鹵素(ICI)的量，並以碘的克數來表示。

$$R_1-CH=CH-R_2 + ICl \longrightarrow R_1-\underset{\underset{I}{|}}{CH}-\underset{\underset{Cl}{|}}{CH}-R_2$$

油脂中的脂肪鏈若具有不飽和雙鍵，會在加入鹵素時產生鹵化作用，油脂中的不飽和度越高，碘價越大，與空氣接觸或在高溫下較易被氧化分解，是較不穩定的油。依碘價可將油脂分成乾性油(IV>120)，如紅花油(Safflower oil)、大豆油(Soya-bean oil)等；半乾性油(120>IV>100)如胡麻油(Sesame oil)、棉子油(Cotton seed oil)等；和不乾性油(IV<100)如蓖麻油(Castor oil)、橄欖油(Olive oil)、酪梨油(Avocado oil)等。其中不乾性油脂的不飽和度較小，較不易被氧化，是較安定的油，較常被用在化妝品中。

2. 酸價(Acid value, AV)：

指中和 1 克油脂中所含游離脂肪酸所需之氫氧化鉀(KOH)的毫克數。

　　油脂會因為儲存時間過久，或開封後與空氣接觸而逐漸水解生成游離脂肪酸和甘油。新鮮的油脂僅含極低濃度的游離脂肪酸，故酸價低，當酸價增加時表示油脂有變質的現象，因此藉由測定酸價可得知油脂的新鮮度。

$$C_3H_5(COOR)_3 + 3H_2O \rightarrow C_3H_5(OH)_3 + 3RCOOH$$

　　油脂　　　　　水解　　　　甘油　　　脂肪酸

3. 皂化價(Saponifiction value, SV)：

　　皂化 1 克油脂所需之氫氧化鉀的毫克數。

　　皂化價可以用來判斷油脂的品質，供做肥皂時所需鹼量的計算；此外，還可作為油脂之平均分子量的參考。油脂的脂肪酸鏈越短，皂化價越大。（※進行皂化反應時為防止油脂水解，需在無水酒精中進行）

$$RCOOH + KOH \rightarrow RCOOK + H_2O$$

　　游離脂肪酸　　　脂肪酸鉀鹽

　　製造肥皂時宜選擇皂化價較高的油脂，表 4-2 是一些常見用在化妝品中的植物性油脂，表中除荷荷葩油（因是單酯類）和小麥胚芽油不適合用來製造肥皂外，其餘都是製造肥皂的好原料。蓖麻油因其化學結構式上所含的羥基(-OH)會增加透明皂的透明效果，更是製造透明香皂時不可或缺的原料。

表 4-2 化妝品中常用之植物性油脂

	中文名稱	英文名稱	碘價	皂化價	水解所得主要脂肪酸	主要用途
1	橄欖油	Olive oil	79～88	188～196	油酸 (82%)	按摩油、防曬油
2	蓖麻油	Castor oil	80～90	177～187	羥基油酸 (86%)	口紅、透明香皂、頭髮製品
3	杏仁油	Almond oil	93～105	190～196	油酸 (77%)	橄欖油之替代品
4	茶子油	Tea seed oil	78～83	188～198	不飽和脂肪酸 (86%)	髮油
5	荷荷葩油	Jojobaoil	82	92	-	頭髮製品、皮膚保養品
6	酪梨油	Avocado oil	65～110	192～197	油酸 (62~78%)	按摩霜、皮膚保養品
7	小麥胚芽油	Wheat germ oil	-	-	-	皮膚保養品
8	椿油	Tsubaki oil	78～83	189～194	不飽和脂肪酸 (86~92%)	髮油、頭髮製品

註：荷荷葩油雖名為油，實際上是植物性液體蠟。

在植物性油脂的組成分中常出現的主要飽和或不飽和脂肪酸包括：

1. 油酸(Oleic acid)：

又名 9-十八烯酸(*cis*-9-octadecene acid)，$CH_3(CH_2)_7CH=CH(CH_2)_7COOH$，廣存於動植物脂肪中，酸價：190~202mgKOH/g，碘價：80~100g/100g，皂化價：190~205mgKOH/g，淡黃至無色透明液體，凝固後為白色柔軟固體，不易溶於水，易溶於有機溶劑，不易被氧化。熔點：13.2°C，凝固點：8.0°C。

2. 棕櫚酸(Palmitic acid)：

十六酸，又名軟脂酸，無色晶體，$CH_3(CH_2)_{14}COOH$，熔點：63~64°C，不溶於水，難溶於石油醚，可溶於醚、苯、氯仿。

3. 亞麻（仁）油酸(Linoleic acid)：

維他命 F，又名順-9-順-12-十八碳二烯酸(*cis*-9-*cis*-12-octadecadienoic acid)，熔點：-9°C，在空氣中易氧化而硬化，可使血液中膽固醇(Cholesterol)濃度降低，以預防動脈硬化，還原後可得硬脂酸。在化妝品中的功能是：亞麻仁油酸對角質有迅速直接的滲透性，可以幫助角質層的形成，維持角質層細胞間隙中脂肪構造的完整，形成健康的皮膚；缺乏時，將引發面皰產生。

4. γ-亞麻（仁）油酸(γ-Linoleic acid)：

修復角質的功能優於亞麻仁油酸，並能強化角質層的保水能力，增進皮脂流動性，使表皮平滑、有光澤。

5. 硬脂酸(Stearic acid)：

十八烷酸，熔點：69～70°C，白色蠟狀，透明或半透明固體，廣泛用於化妝品中，隨添加量多寡會影響霜類的稠度、硬度。

6. 棕櫚烯酸(Palmitoletic acid)：

無色液體，熔點：1.0°C, $CH_3(CH_2)_5CH=CH(CH_2)_7COOH$，不溶於水，可溶於乙醇、乙醚。在化妝品中的功能是：可以減緩脂肪過氧化，因為脂肪過氧化所產生的過氧化物質會傷害細胞膜，導致細胞壞死。

7. 蓖麻油酸(Ricinoleic acid)：

順-12-羥-9-十八烯酸，熔點：5.5°C，可溶於醇、丙酮、醚、氯仿。可做乾洗用洗衣劑原料。

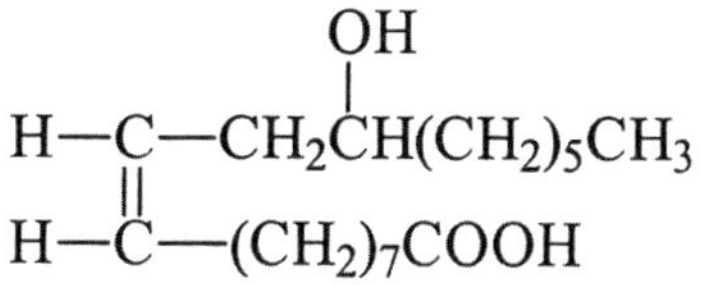

$$
\begin{array}{l}
\qquad\qquad OH \\
\qquad\qquad | \\
H-C-CH_2CH(CH_2)_5CH_3 \\
\quad\ \|\ \\
H-C-(CH_2)_7COOH
\end{array}
$$

常用的植物性油、脂、蠟：

1. 橄欖油(Olive oil)：

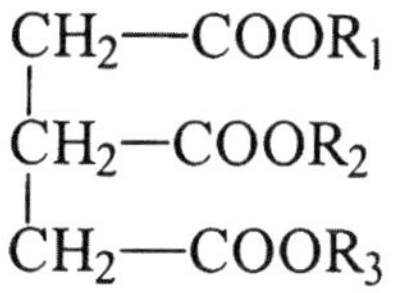

$$
\begin{array}{l}
CH_2-COOR_1 \\
| \\
CH_2-COOR_2 \\
| \\
CH_2-COOR_3
\end{array}
$$

R_1=油酸(65~85%)

R_2=軟脂酸（棕櫚酸，7～16%）

R_3=亞麻（仁）油酸(4～15%)

由橄欖樹的果實經壓榨製取的油，主要產地是西班牙和義大利等地中海沿岸地區，因主要不飽和脂肪酸為油酸，對皮膚的刺激性低，有極佳的滲透性，能減緩表皮水分的蒸發；另含維生素 A、E，具抗氧

化、抗老化的功能，可作為防曬油的基劑、按摩油、髮油等。但因具有黏膩感，量不能加太多。市面上的橄欖油會依其中酸度不同分成四個等級，最高級的橄欖油酸度最低，可作為化妝品的保養用油，酸度最高的橄欖油則作為炒菜用油。

淡黃色至黃綠色透明黏稠液體，具特殊的微香氣。

碘價：80～85g/100g。

皂化價：188～196mgKOH/g。

2. 蓖麻油(Castor oil)：

$$CH_2-COOR_1$$
$$CH_2-COOR_2$$
$$CH_2-COOR_3$$

$R_1=R_2=$蓖麻油酸(89~90%)

$R_3=$油酸(8.5%)

由原產於印度或非洲的蓖麻種子經壓榨得，因含大量蓖麻油酸，含-OH 基，所以比其他油脂的親水性大，可做保濕劑。霧點低、黏度高，有潤滑和保濕的效果，除可用於口紅和香膏中，還可以作為染料的溶解劑。其黏度和氧化穩定度比其他植物油好，可用於防曬製劑和洗髮精中，也可用於製造透明香皂。

無色至淡黃色透明黏稠液體，具特殊的微臭氣。

碘價：83～90g/100g。

皂化價：176～187mgKOH/g。

3. 杏核油(Apricot kernal oil，甜杏仁油)：

$$CH_2—COOR_1$$
$$CH_2—COOR_2$$
$$CH_2—COOR_3$$

$R_1=R_2=R_3=$油酸

脂肪酸成分中含 60%油酸，30%亞麻仁油酸，和維生素 A、E，可幫助保護細胞膜、延長紅血球細胞在血液系統中的生命，具有柔軟皮膚、保持皮膚彈性的功能。使用價值與小麥胚芽油相近，在保養用油上的使用極為普遍，常用作基底油。

無色至淡黃色油狀液體，無嗅。

碘價：92～105g/100g。

皂化價：188～200mgKOH/g。

4. 杏仁油（Almond oil，扁桃油）：

含油酸約 77%，物理性質和脂肪酸的組成與橄欖油相似，為橄欖油之替代品，可供製髮油、按摩油、潤膚油等製品。

精製品為無色透明的油狀液體，具特殊芬芳的氣味。

碘價：93～105g/100g。

皂化價：190～196mgKOH/g。

5. 酪梨油(Avocado oil)：

含大量不飽和脂肪酸，以油酸為主約含 70%，亞麻仁油酸約 6～10%，植物固醇、維生素 A、B、C、D、E，及部分類胡蘿蔔素(Carotenoids)，

可以滋潤、柔軟肌膚，改善皮膚含水量。與表皮的親和性佳，能幫助修復傷口，促進皮膚之吸收，常用來治療皮膚炎，使用價值與小麥胚芽油相近，是很好的護膚成分，滋潤度極佳，缺點是過於黏稠，必需搭配其他油脂使用，應用在滋潤、保養霜、晚霜、乳液和保養用油中。

碘價：65~110g/100g。

皂化價：192~197mgKOH/g。

6. 月見草油(Evening primrose oil)：

不止是應用在化妝品上，健康食品中也常見，含大量（約 80%）的亞麻仁油酸(Linoleic acid)和 γ-亞麻仁油酸(γ-Linoleic acid)，對心血管疾病有預防的功能，也是製造前列腺素(Prostaglandins, fPG) El (PEGl)的前驅物(Precursor)，有助於細胞的生長和再生。其中的 γ-亞麻仁油酸相當珍貴，能夠強化角質層的保水能力，修復角質層，使表皮平滑有光澤，但因不飽和度高，極容易氧化變質，不宜長久儲存，可加入 Vit.E 作為抗氧化劑來延長使用期限（通常保鮮期為一年）。由於對角質細胞的修復效果極佳，是相當高級的保養用油。乾燥的皮膚會缺乏彈性，很容易提早老化，月見草油因可以滋養和潤濕皮膚、避免皮膚乾燥、減少皮膚水分的流失，也常加在面霜中。同時研究人員還意外的發現月見草油可以治療脆弱的指甲，使指甲變得更堅硬、健康。

7. 夏威夷核果油(Kukui nut oil)：

產自夏威夷石果樹(Kukui)的核果，經萃取得。由多種脂肪酸組成，以亞麻仁油酸和次亞麻仁油酸的含量最多，對皮膚有極佳的滲透和滋潤效果，可以柔軟皮膚，並能撫平曬傷後和受刺激的皮膚，使用後無油膩感，可用於面皰霜、皮膚保護障壁機能衰退的防老產品中，是目

前流行的保養用油。

8. 夏威夷核果油(Macadamia nut oil)：

產自夏威夷火山樹(Macadamia)的核果油。含 60%油酸，21%棕櫚烯酸。棕櫚烯酸是單一不飽和脂肪酸，可以減緩脂肪過老（氧）化，具保護細胞膜免受侵害的功能，可避免細胞壞死，尤其針對過度曝曬的皮膚。是一種溫和的油脂，無須添加任何抗氧化劑即可保持安定。可應用於嬰兒用品、保濕乳液、乳霜和晚霜。

9. 山茶油(Camellia oil)：

由山茶的種子經壓榨製得，脂肪酸的成分中油酸占大部分(82～88%)，另含棕櫚酸(9～12%)及亞麻仁油酸(1～3%)。自古以來就是髮油的主要成分，另可以柔軟肌膚，抑制表皮水分蒸發。

10. 小麥胚芽油(Wheat germ oil)：

和其他油脂比較，小麥胚芽油中含豐富的維生素 A、E、F，可提供皮膚所需的滋養，柔軟皮膚，有強化皮膚的功能。脂肪酸的成分以亞麻仁油酸(45～60%)為主，另外含油酸(8～30%)和次亞麻油酸(4～10%)。油酸有柔軟皮膚的功效，但修復角質的功能較差，次亞麻仁油酸不具修復角質的功能，亞麻仁油酸則是修復角質的主要脂肪酸。一般植物油是否屬於營養用油是以其中所含脂肪酸的種類為選擇要件，小麥胚芽油中脂肪酸的種類並不比其他油類特殊，之所以受到青睞主要是因為含有相當高濃度的維生素 A、E，但若是用在強調以維他命為主要活性成分的產品中，則需另外加入純質的維他命，才可以發揮美膚的功效。

小麥胚芽油的黏稠感大，加太多量時會覺得乳霜有黏膩的感覺，

需控制使用量。在化妝品中使用的小麥胚芽油最好是以冷壓法得到的，因為只有在低溫下取得的油脂，其中的營養成分才能完整的保存。若使用熱（油炸）製法，雖有香味，但在熱製過程中不飽和脂肪酸會因熱而受到破壞，油脂會提早酸敗，影響護膚效果。

11. 紅花油(Hybird safflower oil)：

由紅花的種子萃取得，高油酸比例，有優越的氧化安定性，無毒、無刺激，廣用於防曬製品、沐浴油、卸妝油、粉底霜中，不需另加抗氧化劑。

碘價：140～150g/100g。

皂化價：186～194mgKOH/g。

12. 紫花苜蓿油(Alfalfa oil)：

含胡蘿蔔素(Carotene)，可防止皮膚曝曬後的發紅現象，用於防曬製品，使用量 0.25～0.5%。

13. 琉璃苣油(Borage oil)：

含兩倍於月見草油的 γ-亞麻仁油酸，80%的亞麻仁油酸和生物鹼 Pyrillidsone，營養價值可以媲美月見草油，是較晚被開發的營養用油，能減輕皮膚的粗糙現象，有效降低穿皮失水率，增進皮膚的保濕能力。質地清爽，不黏膩，是高級保養用油。

14. 薔薇實油(Rosehip oil)：

來自智利野薔薇的種子，組成分中含45%的亞麻仁油酸和次亞麻仁油酸，15%單一不飽和脂肪酸（如油酸和棕櫚烯酸），5.5～6%飽和脂肪酸。可用在皮膚上當作抗皺紋劑，在面霜配方中約添加10%；加在身體用乳液中具柔滑肌膚、保濕和治療曬傷的功效，也可以加在乾性和受損髮質專用的毛髮產品中。

15. 奇異果油(Kiwi oil)：

是淡黃色低黏度的油，組成分中含 63.4% α-亞麻仁油酸，14.3%亞麻仁油酸，12.3%油酸，5.3%棕櫚酸，2.8%硬脂酸。常用在護膚配方中，可改善膚質。

16. 葵花油(Sunflower oil)：

同橄欖油、小麥胚芽油等保養、食用皆宜的油，雖然用熱製法設備低廉、產量大、成本低，但其中的營養成分會被破壞，若要成為化妝品中可以使用的好油，必須用冷壓法製得，才能保存其中的營養成分，也才能較持久保鮮。是含高油酸比例、低飽和度的油，也含維生素 A、D、E，可以作為符合健康原則的食用油。

17. 木蠟(Japan wax)：

木蠟或稱日本蠟，雖名為蠟但其化學組成主要是含77%棕櫚酸，12%油酸的三酸甘油酯，用於肌膚感覺佳，也可作為髮霜的原料。

18. 荷荷葩油(Jojoba oil)：

由美國南部和墨西哥北部乾燥地帶生長的荷荷葩的種子中提煉的液體蠟，柔軟度和分散性佳，可用於臉部保濕製品，可取代傳統用的

礦物油、白蠟油、鯨蠟油，添加後約可增加 37%的柔軟度，並持續保濕 8 小時且無油膩感，氧化安定性和觸感佳，對皮膚有很好的柔軟性和親和性，另具高拒水性、無臭、無毒、極易滲入皮膚，通常保鮮期為五年。可用於粉底霜、彩妝製品和洗髮精中，氫化後的荷荷葩蠟可用於口紅、乳液等需蠟的配方中。

19. 巴西蠟(Carnauba wax)：

或稱棕櫚蠟，黃綠色至棕色固體，可以漂白，是由巴西棕櫚樹的葉和葉柄中提煉的硬蠟，是 $C_{20} \sim C_{32}$ 的脂肪酸和 $C_{28} \sim C_{34}$ 的醇所構成的酯，其中羥基酸酯(Hydroxy acid ester)所占的比例相當高。熔點介於 $80 \sim 88°C$，是化妝品原料中熔點和硬度最高的。與蓖麻油等類油的相容性良好，常用作錠狀化妝品的固化劑，用在口紅中可提高口紅的硬度、光澤以及提升產品的耐熱穩定性。被廣泛用於唇膏類和霜膏類化妝品，也可用於髮蠟條、芳香蠟燭等。

碘價：$5 \sim 14g/100g$。

皂化價：$78 \sim 95mgKOH/g$。

20. 燈心草蠟(Candelilla wax)：

或稱小燭樹蠟，由墨西哥北部、美國德州等地的小燭樹(*Euphorbiaceae*)屬植物之莖部提煉得。組成分中含 45%的三十一烷($C_{31}H_{64}$)，30%$C_{16} \sim C_{34}$的脂肪酸，25%的三十烷醇等游離醇和樹脂。淡黃色顆粒，熔點：$65 \sim 72°C$，幾乎可以跟所有動植物油脂、蠟相溶，性脆而硬具光澤，在熔融的混合物中凝固得很慢，且在較長時間內不能到達最大硬度，加入油酸或類似的酸會使結晶過程變慢，並使軟度迅速增加。主要用於膏、霜類和唇膏類化妝品，以提高熔點、賦予光

澤、提升耐穩定性，也可以作為軟蠟的硬化劑及蜂蠟和巴西棕櫚蠟的代用品。

碘價：15～36g/100g。

皂化價：46～66mgKOH/g。

常用的動物性油、脂、蠟：

1. 水貂油(Marten oil)：

或稱貂油，陸棲類動物性油，淡黃色油狀液體，具有令人不愉快的騷腥氣味，但可精製至無臭，凝固點：18～20°C。組成中含 70%不飽和的脂肪酸，9%亞麻仁油酸、花生酸等具有特殊生理作用的脂肪酸，此外還含有不飽和甘油酯，其中大多數不是對稱的異構物，抗氧化能力強，不易酸敗；且其中多種營養成分的物性和化性與人體脂肪相近，具有良好的滲透性，易被皮膚吸收，使皮膚柔軟、有彈性，對乾性皮膚效果尤佳，此外還能改善毛髮的梳理性、使毛髮柔軟、有光澤，但價格較昂貴。被廣泛用於各種高級護膚膏、霜、乳液，毛髮用品、唇膏、清潔液等產品中。

碘價：75～90g/100g。

皂化價：190～220mgKOH/g。

2. 羊毛脂(Lanolin)：

是羊的皮脂腺所分泌沉積在羊毛上的分泌物，由綿羊毛中提煉精製而得，精製後為淡黃色軟膏狀，含有多量的水，熔點：36～42°C。羊毛脂是由 33 種高級醇和 36 種高級酸組成的酯之複雜混合物，主要

成分為高級脂肪酸和膽固醇及高級醇類所形成的酯類。因其成分及物性、化性與人體角質的細胞間脂質和皮脂膜相似,對皮膚的親和性和吸附性、滲透性沒那麼強,本身又有很好的水合性,可迅速被皮膚吸收。被廣泛用在各類化妝品中,是一種有效的潤膚劑,可使因缺少水分而乾燥或粗糙的皮膚軟化、甚至恢復,加在口紅中可避免其因溫度或壓力瞬間變化而改變組成的均一性,又因具吸濕性,能防止口紅的出汗現象(Sweating)。但因顏色較深且氣味不佳,用量不宜過多。

碘價:18～36g/100g。

皂化價:92～106mgKOH/g。

3. 蜜蠟(Bee wax):

或稱蜂蠟,是公蜂腹部的蠟腺分泌物,主要由東洋蜜蜂和歐洲蜜蜂的蜂巢所取得,是一種微黃至灰黃的固體蠟狀物,精製後為白色或淡黃色固體,熔點:60～67°C。主要成分為高級脂肪酸與高級醇類所形成的酯類,另外還有一些游離脂肪酸和烴類等,東洋蜂蠟中酯的主要成分為羥基棕櫚酸二十六烷醇酯(Cetyl palmitate, $C_{15}H_{30}(OH)COOC_{26}H_{53}$)和棕櫚酸二十六烷醇酯(Myricyl palmitate, $C_{15}H_{31}COOC_{26}H_{53}$);西洋蜂蠟中則是以棕櫚酸三十一烷醇酯(Myricyl palmitate, $C_{15}H_{31}COOC_{31}H_{63}$)為主成分,來源不同,成分亦不盡相同。與植物油、礦物油、動物油、蠟類、脂肪酸、酯類均能相容。能增加皮膚的柔軟性、彈性、不會造成任何過敏或不適。本身又具有天然的抗菌、防霉、抗氧化的能力。主要用於冷霜和油性膏、霜、唇膏、髮蠟等製品中。常與硼砂搭配使用,生成的硼砂／蜂蠟皂是冷霜類化妝品理想的乳化劑。此外蜜蠟具收縮性,加入口紅原料中可幫助脫模。

碘價：5～15g/100g。

皂化價：83～100mgKOH/g。

4. 鯨蠟(Spermaceti)：

以抹香鯨腦部蠟質為原料精製而得，熔點：42～50°C，滑溜而帶有珍珠光澤的白色半透明固體。組成分含鯨蠟酸鯨蠟酯、硬脂酸酯、月桂酸酯、肉荳蔻酯。是使用已久的化妝品油相基劑原料，對皮膚有良好的滋潤、柔軟效果，主要被用於乳劑和脣膏類化妝品。

碘價：5g 以下／100g。

皂化價：118～135mgKOH/g。

5. 蟲蠟(Chinese insect wax)：

或稱川蠟或中國蠟，以白蠟蟲分泌在所寄生的女真樹或白蠟樹之上的蠟質物為原料精製而得，熔點：65～80°C，主要成分為烷基酯、烴類化合物和游離脂肪酸。主要被用於乳液、膏、霜類化妝品中，但因性脆且收縮率較大，通常不單獨使用。

碘價：1.5～2.0g/100g。

皂化價：80～92mgKOH/g。

常用的礦物性油、脂、蠟：

礦物性油、脂、蠟都是非極性、沸點 300°C 以上的高分子碳氫化合物，所以沒有動、植物油、脂、蠟之碘價及皂化價，但仍有飽和與不飽和之分。是由原油分餾輕（石油醚、汽油）、中（燈油）、重油（燃料油）後的混合物在高溫低壓下再分餾而得的碳氫化合物。用在化妝

品原料的通常是碳數在 15 以上的直鏈飽和碳氫化合物，因其來源豐富、較易精製，是化妝品中較價廉物美的原料。又因具不活潑性，較安定、不易腐敗。添加在化妝品中可以增強皮膚的障壁功能，並延遲表皮水分散失。

1. 液體石蠟(Liquid paraffin, Paraffin oil)：

俗稱白蠟油或礦物油(Mineral oil)，成分以 $C_{15} \sim C_{30}$ 的飽和烴類混合之無色透明油狀液體，無嗅、無味，化性安定，容易乳化。廣泛被用於化妝品，如：乳液、乳霜、冷霜、髮乳、髮蠟中可當做油相基劑使用，具有柔軟皮膚和毛髮、保濕等作用。另外也常添加在清潔霜中，可當做污垢溶劑，溶解污垢、清潔皮膚表面。缺點是有油膩感、易堵塞毛孔。凝固點：$\leq 1°C$。

2. 固態石蠟(Solid paraffin, Paraffin wax)：

或稱礦蠟、石蠟，無色或白色略帶透明結晶塊狀固體，無嗅、無味，熔點：$50 \sim 70°C$，密度隨熔點升高而增加，溶解度隨熔點升高而降低，沸點：$300 \sim 550°C$，分子量：$360 \sim 540$，成分較液態石蠟具有更長的碳鏈($C_{22} \sim C_{36}$)，化性穩定，不易與鹼、無機酸和鹵素起反應。可當作乳霜的原料，調節產品的黏稠度，並在皮膚表面形成疏水性(hydrophobic)的膜。在口紅中可調節口紅的硬度。

3. 凡士林(Vaseline, Petrolatum)：

或稱礦脂、石油凍，由石油提煉所得到之白色至黃色透明半固體油膏混合物，無嗅、無味，熔點：$38 \sim 54°C$，組成分以 $C_{16} \sim C_{32}$ 的碳鏈烴類為主，因屬於非結晶系、軟膏狀，又稱為軟石蠟。在醫藥和化

妝品中使用廣泛，具保濕、護膚、護髮、防曬等功能。因具黏性，可調節乳化製品的黏性及強化口紅製品的密著性，且分散性佳是理想油相基劑。常用於髮蠟、髮乳、冷霜、潤膚霜、防裂膏霜、乳液、脣膏等產品中當油相基劑。

4. 地蠟(Ceresin)：

或稱白蠟，外觀與石蠟極為相似，熔點：61~78°C，白色、無嗅、無味之針狀或板狀的微小結晶蠟狀固體，主要被用作冷霜類化妝品的基劑，也可作為髮蠟、脣膏等的固化劑。

5. 微晶蠟(Microcrystalline wax)：

無色至白色塊狀固體，無嗅、無味，熔點：60~85°C，組成分以 C_{31} 以上的支鏈飽和烴類為主，延展性好，低溫下不脆，與其他蠟類混合可以抑制結晶的生長，對微生物十分穩定，對皮膚和毛髮的黏附性良好，雖然熔點高，但可與其他低熔點之油、脂、蠟調合成適宜的熔點，以供各種不同產品的需要。被廣泛用作髮蠟、脣膏、香脂、冷霜和芳香蠟燭等產品中。

常用的合成性油、脂、蠟：

1. 海鮫油(Squalane, $C_{30}H_{62}$)：

或稱魚（角）鯊烷，從魚類油脂中的不飽和碳氫化合物魚（角）鯊烯(Squalene)氫化得，為無色、無嗅、無味的油狀物，凝固點：-55°C。因類似皮脂成分，對皮膚的滲透性、潤滑性、親膚性佳，具柔皮、保濕作用，被廣用於護膚保養品中。

2. 矽利光油(Silicon oil)：

是高分子聚合物，為無色、無嗅、無味的油狀物，其黏度、比重隨聚合度的高低而異，具耐熱、耐凍和消泡的特性，其他同系物有 Dimethicone copolyol 和 Cyclomethicone 等，能在皮膚與毛髮表面形成一層不黏不油的薄膜，具有滋潤髮膚的效果，被廣泛用於各類乳化、油、膏、霜以及唇膏製品中。

二 親水性保濕劑

皮膚的角質層中存在具有吸濕性物質的天然保濕因子(Natural Moisturizing Factor, NMF)，使正常角質含水量約維持在 20%左右，低於 10%就會成為乾燥肌膚，加速皮膚提早老化，因此保濕劑(Humectant)在各類化妝品中幾乎是不可或缺的，其作用是要增加角質層的保水能力。

親水性保濕劑的化學結構必須具有可以吸收水分子的官能基或具備優良的吸濕性，此外還要考慮安全性、安定性和親膚性等條件，才能判斷是否適用。通常保濕劑可以區分為：①親水性的吸濕性保濕劑，②親油性的保水性保濕劑。親水性保濕劑可以增加角質層對水分的吸收，防止皮膚因失水而乾燥龜裂。保水性保濕劑則會在皮膚上形成一層疏水性的薄膜，以防止皮膚內部的水分蒸發。

選擇親水性保濕劑時會考慮下列條件：

1. 具強吸濕性，一般採用具低揮發性、高沸點之含羥氧基(OH)多元醇類如甘油，或含氮基(N)之胺基酸類如 PCA·Na 等成分。

2. 對皮膚無刺激性和灼熱感，且無異味。

市售化妝品中常見的親水性保濕劑

1. 傳統的低分子量多元醇吸濕性保濕劑：

此類成分因可大量工業化製造，容易取得、價格低廉、安全性高，缺點是：保（吸）濕效果易受週遭環境濕度的影響，當週遭環境的相對濕度過低時，保留（吸收）水分子的能力會降低；另受限於本身分子結構的吸濕機轉，較難達到高保濕的目的，適用於一般年輕的膚質；如：

(1) 丙二醇(Propanediol, Propylene glycol, PG)：

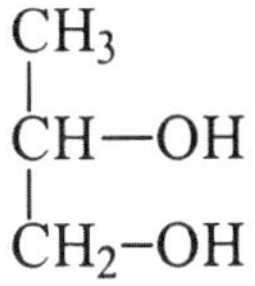

$$
\begin{array}{l}
CH_3 \\
| \\
CH{-}OH \\
| \\
CH_2{-}OH
\end{array}
$$

又名甲基乙二醇或 1,2-二羥基丙烷，具辛辣味的黏稠液體，凝固點：-59°C，沸點：188.2°C，無色透明液體，黏度較丙三醇低，可用在護膚化妝品、沐浴乳中當保濕劑；在洗髮精中作調理劑，能使頭髮常保濕潤柔軟，對捲髮具保持性，也可以作為色素、香精油之溶劑，或與甘油或己六醇並用，成為牙膏之柔軟劑及保溫劑。

(2) 丙三醇（甘油，Glycerin, propanetriol）：

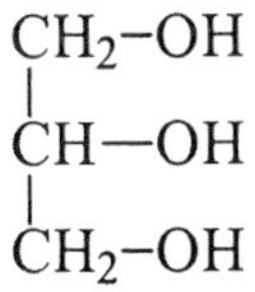

$$
\begin{array}{l}
CH_2{-}OH \\
| \\
CH{-}OH \\
| \\
CH_2{-}OH
\end{array}
$$

無嗅、味甜之無色透明黏稠液體，熔點：17.8°C，沸點：290°C(Dec.)，是化妝品中最早，且應用最普遍的保濕劑。因分子中含有三個羥基，能和水形成氫鍵，將水束縛住，因而有良好的保濕作用，且對人體皮膚和頭髮有很好的滋潤作用；此外，還能增加化妝品中其他成分的溶解性，使乳化產品的顆粒變細，被廣泛用於各種柔軟性、收斂性、洗淨性的護膚化妝品中，補充角質層的水分，讓皮膚保持健康的濕潤性，提高產品的親膚性。在水劑類化妝品中的添加量最高可達 15%，通常以 3~10%較適宜。在乳液類化妝品中，甘油為水相成分，在 O/W 型配方中通常添加 10%左右，過高反而會使皮膚脫水，無法達到護膚的作用。

(3)己六醇（山梨糖醇、花楸糖醇、薔薇醇、Sorbitol）：

$$
\begin{array}{c}
\text{CH}_2\text{OH} \\
\text{HO}-\text{CH} \\
\text{HO}-\text{CH} \\
\text{CH}-\text{OH} \\
\text{HO}-\text{CH} \\
\text{CH}_2\text{OH}
\end{array}
$$

天然產的山梨醇廣佈於歐洲或日本產的山梨中，為具有吸濕性的晶體，可做 Vit.C 的合成原料，皮革等的軟化劑、抗凍劑、糖尿病患者用的代糖、利尿劑等，使用範圍很廣。也可以化學方法合成得到，熔點：110~120°C，在化妝品原料中屬於比較緩和的保濕劑，其保濕功能在低溫時就能發揮。因具甜味，多加於雪花膏中，又因具抗凍性，能提高產品的穩定性，添加量約 10%。

(4) 1,3-丁二醇(1, 3-Butanediol)：

$$CH_3$$
$$|$$
$$CHOH$$
$$|$$
$$CH_2$$
$$|$$
$$CH_2OH$$

　　又名 1,3-二羥基丁烷，無色、無味液體，凝固點：-50°C，沸點：207.5°C，在洗髮精、沐浴乳中，除保濕功能外還具有良好的抑菌作用。在藥妝品的生髮劑和美髮水中也當保濕劑，添加量約 0.5～5%。

(5) 聚乙二醇(Polyethylene glycol, PEG)：

$$HO(CH_2CH_2O)_nH$$

　　是聚合度不同的混合物，當平均分子量為 200～600 時在常溫下是液態，隨分子量增大會逐漸變成半固體狀。

(6) 聚丙二醇(Polypropylene glycol, PPG)：

$$HO(CH_2CH_2CH_2O)_nH$$

2. 天然保濕因子中的成分：

　　天然保濕因子(Natural Misturizing Factor, NMF)是指皮膚本身角質層中所含的保濕成分，並非單一組成，主要是胺基酸、PCA(Pyrolidone carboxyl acid)、乳酸、乳酸鈉和尿素等，在皮膚的表皮層和角質層上除了具有吸濕性外，還可調節皮膚的酸鹼值，親膚性相當好。在化妝品中採用的並不是複合組成的 NMF，而是 PCA．Na。占皮膚中 NMF 總

組成的 12%，保濕效果與多元醇類差不多，但因為是鹽類，在加入配方時的限制會比多元醇還多，又因同屬於水溶性的小分子結構，所以保濕的效果差距不大。

(1) 乳酸(Lactic acid)：

$$CH_3$$
$$|$$
$$CHOH$$
$$|$$
$$COOH$$

又名 α-羥基丙酸，無味、無色或淺黃色柱狀晶體，具不對稱碳，有 L-、D-、DL-三型。L-乳酸存在於動物的組織或器官，累積於疲勞的肌肉中，也稱肌乳酸，熔點：53°C。DL-乳酸也稱發酵乳酸，存在於許多植物或腐化物質中，熔點：18°C，沸點：122°C(15 Torr)，可當作酸味劑或製造乳酸飲料用，也是化妝品中的保濕劑，無毒性。主要用於冷霜、護膚霜、柔軟性化妝水中，有良好的保濕性，且是皮膚的酸性覆蓋物，能使乾燥皮膚濕潤並減少皮屑，添加量約 5～10%。

(2) 乳酸鈉(Sodium lactate)：

$$CH_3$$
$$|$$
$$CHOH$$
$$|$$
$$COONa$$

無味、無色或微黃色液體，熔點：17°C，沸點：140°C(Dec.)，主要用於霜、膏類和化妝水等產品中，常與乳酸搭配使用，來調整產品的酸鹼度。

(3) 2- 吡 咯 烷 酮 -5- 羧 酸 鈉 (Sodium 2-pyrrolidone-5-car-boxylate, PCA・Na)：

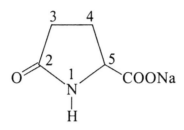

　　是 NMF 中重要的保濕成分，白色結晶或粉末，吸濕性遠較上述保濕成分強，在相對溼度(Relative humidity)65%下放置 20 天後，吸濕性高達 56%，30 天後為 60%，相同的情況下，甘油經 30 天後為 40%，丙二醇為 30%，己六醇則僅有 10%。可溶於水，略溶於有機溶劑中，相同溫度和濃度下，黏度遠較其他保濕劑低，用於皮膚和毛髮可增加髮、膚表面的水合能力，是相當優良的保濕劑，可用於各類產品中。

3. 胺基酸類：

$$HN-\underset{H}{\overset{R}{C}}-COOH$$

　　胺基酸是蛋白質的單體，為生物體中重要的成分，對皮膚而言，具有緩和外界物質傷害的基本功效，適當的胺基酸對受損角質有協助修復的功能，保濕性好、親膚性佳，是化妝品中較高級的護膚保濕成分。化妝品中可以直接使用的是胺基酸(Amino acid)，另以胺基酸為單體合成的大分子量的蛋白類、多肽類(Polypeptide)都因分子量過大，而

無法發揮良好的保濕效果,需先水解成小分子後才能使用。這些大分子的蛋白類包括植物蛋白、大豆蛋白、動物蛋白等,由於成本來源較高,因此被視為是較高級、珍貴的保濕劑。

此類保濕劑的缺點是不易保鮮,且易受微生物感染產生自身酸敗現象,除非是用安瓿(Ampoule)無菌包裝,才可確保不受污染;此外,須加入較高濃度的防腐抗菌劑來防止產品變質,因此導致部分人士使用後會產生過敏現象。

4. 高分子型吸濕性的保濕劑:

以生化來源的黏多醣體較被認同,黏多醣體是皮膚中最重要的水分來源;蛋白聚醣是真皮層的基質,主要由葡萄糖胺聚醣(Glycosaminoglycans)和醣蛋白(Glycoprotines)兩種成分構成,結構中含有相當大量的羥基(Hydroxyl group)和羧基(Carboxyl group)以及硫酸根(Sulfate),有很強的吸水性,是目前強調高保濕性產品主要用的保濕劑。生化類保濕劑主要是取自皮膚真皮層的成分,如黏多醣體或稱質酸(Mucopolysaccharides, Glycosamioglycans)、膠原蛋白(Collagen)、醣醛酸(Hyaluronicacid)、醣蛋白(Glycoprotine)和硫酸軟骨素(Chondroitin sulfate)等,化妝品中最標榜的是膠原蛋白和醣醛酸。

(1) 醣醛酸（玻尿酸，Hyaluronic acid, HA）

是一種酸性、非蛋白質的黏多醣體(MPS)，由 D-葡萄糖醛酸和 N-乙醯胺基葡萄糖、雙醣鍵結聚合而成，平均分子量約 $10^6 \sim 10^7$，溶在水中呈現高稠度的透明液體，但稠而不黏，是一種極佳的保濕劑。天然的取得來源可自小牛氣管、眼睛玻璃體、雄雞的雞冠、腦、鯊魚皮、鯨魚的軟骨或人類的臍帶得到，但因得之不易所以昂貴，目前可經由動物流行性鏈球菌(Streptococcus zooepidemicus)發酵製得，控制聚合分子量的大小，可以控制其流變性和黏滯性，進而間接影響其保濕效果。

玻尿酸約可吸收本身體重數百至數千倍的水分，所以被當作敷面膜的保濕成分，可以在短時間的敷臉中，讓角質層的水合情形達到最佳極限狀態。根據實驗顯示：使用後的第 1 個小時內保濕率可達 107%，3 小時後會下降至 51%，若在剛敷完臉時塗一點含油脂的面霜，則可延長保濕時間，市面上賣的玻尿酸原料多為 1%的水溶液。

(2) 膠原蛋白(Collagen)：

　　是硬蛋白質的一種，存在皮膚、骨、結締組織等部位，為維持動物體結構的蛋白質，廣泛的分布於腔腸動物到脊椎動物。分子量約 30 萬，直徑 1.5nm，長 280nm 的棒狀分子，由三條肽鏈形成的特殊螺旋結構。在化妝品界廣被推崇，但因來源必須取自動物，除價格昂貴外還受到動物保護者的反對。

　　膠原蛋白由於分子太大，根本就會被皮膚阻隔在外，因此並無法達成想像中的功效。目前化妝品中所使用的膠原蛋白主要是水解膠原蛋白，變成小分子後對皮膚的滲透和保濕效果會比大分子的膠原蛋白佳。

5. 天然植物萃取液的保濕劑：

　　另有一些強調取自於天然植物萃取液的保濕劑，如：海藻細胞萃取液(Plankton extract)、白樺萃取液(Silver birch extract)、薔薇萃取液(Rose hips extract)、蓍草萃取液(Yarrow extract)等，因屬天然植物萃取成分，是較高價位的保濕劑。

三　高級脂肪酸類

　　可分為飽和脂肪酸和不飽和脂肪酸兩大類。通常選用飽和脂肪酸的目的，是在調節乳化製品的稠度和外觀的質感；選用不飽和脂肪酸的目的，是因為不飽和脂肪酸有益於防止表皮水分蒸發，並幫助角質再生的功能；化妝品中最常用的是 $C_{12} \sim C_{18}$ 的脂肪酸。

（一）化妝品中常用的高級飽和脂肪酸

1. 月桂酸(Lauric acid)：

$CH_3(CH_2)_{10}COOH$，十二烷酸，熔點：45°C，可由椰子油與棕櫚油經鹼化分解後，將得到的混合脂肪酸分餾而得。通常用來當皂基，起泡力、去脂力佳，可作為洗面劑的成分。

2. 肉荳蔻酸(Myristic acid)：

$CH_3(CH_2)_{12}COOH$，十四烷酸，熔點：56°C，將棕櫚油經鹼化分解後得到的混合脂肪酸分餾而得。起泡力、去脂力佳，可作為洗面劑的成分。

3. 棕櫚酸(Palmitic acid)：

$CH_3(CH_2)_{14}COOH$，十六烷酸，熔點：63°C，是棕櫚油加鹼皂化分解後，將得到的混合脂肪酸分餾而得。常用作乳化製品的油相成分，又稱軟脂酸。

4. 硬脂酸(Stearic acid)：

$CH_3(CH_2)_{16}COOH$，十八烷酸，熔點：70°C，是由牛脂皂化而得。在化妝品中應用最廣，是乳霜的重要成分，能改變產品的黏稠度，賦予霜狀化妝品珍珠光澤，並作油相基劑；可與氫氧化鉀作用產生皂基來作為乳化製品的乳化劑，是膏霜類產品中的重要成分，也可以加在口紅中。

5. 異硬脂酸(Isostearic acid)：

無色至淡黃色透明液體，作為油熔性原料，或與三乙醇胺等作為乳化劑用。

6. 二十二烷酸(Behenic acid)

$CH_3(CH_2)_{20}COOH$，熔點：$80°C$，因碳數多、熔點高，安定性及耐溫性較優越，常使用在含水量較高的乳化製品中。

（二）化妝品中常用的高級不飽和脂肪酸

1. 油酸(Oleic acid)：

十八烯酸，熔點：$13.2°C$，對皮膚的滲透性極佳，且刺激性小，可做按摩用油或防曬油的基劑。

2. 亞麻仁油酸(Linoleic acid)：

即維他命 F，C_{18}，熔點：$-5°C$，對角質層細胞間脂質有維繫使其完整的功能，常用於保濕營養霜配方中。

3. γ-亞麻仁油酸(γ-Linoleic acid)：

對角質的修護比亞麻仁油酸有效，能夠強化角質層的保水能力，增進皮脂的流動性，使表皮平滑有光澤。

4. 棕櫚烯酸(Palmitoleic acid)：

C_{16}，可以減緩脂肪過氧化所生成的過氧化物對細胞膜的傷害，避免細胞壞死。

選擇脂肪酸加在乳化製品中時，應注意物理性質之變化，如：在乳霜中加入硬脂酸會使乳霜具有珍珠光澤，擦後感覺有油脂層存在；若換成異硬脂酸則變成有光澤的乳液，擦後並不會有油脂層的感覺。

在產品中加入不飽和的脂肪酸，通常考量的是不飽和脂肪酸對髮膚的保護功能，而不是改善產品的外觀，因此需要了解各種不飽和脂肪酸對皮膚的作用。使用上常用含高比例不飽和脂肪酸的各種植物油來取代純的不飽和脂肪酸。

 ## 四 高級脂肪醇類

選用高級脂肪醇的目的，是要當乳化助劑，增加油性成分對水的吸收性，抑制油膩感，賦予頭髮製品的光澤度，並可降低蠟類製品的黏著性。

化妝品中常用的高級脂肪醇：

1. 月桂醇(Lauryl alcohol)：

$CH_3(CH_2)_{10}CH_2OH$，十二烷醇，熔點：$20\sim25°C$，是化妝品的間接原料，常用來製造界面活性劑，也可當作助乳化劑和皮膚調理劑。

2. 鯨蠟醇(Cetyl alcohol)：

$CH_3(CH_2)_{14}CH_2OH$，十六烷醇，熔點：$46\sim55°C$，白色固體，可當作助乳化劑和油相基劑，可抑制油膩感。

3. 硬脂醇（硬蠟醇，Stearyl alcohol）：

白色片狀或顆粒狀，$CH_3(CH_2)_{16}CH_2OH$，十八烷醇，熔點：$58.5°C$，可當作助乳化劑、穩定乳化膠體、油相基劑，並抑制油膩感。

4. 油醇(Oleyl alcohol)：

不飽和脂肪醇，室溫下為液態，$CH_3(CH_2)_7CH=CH(CH_2)_7CH_2OH$，可當皮膚柔軟劑或加在口紅中當作色料的溶劑。

5. 二十二醇(Behenyl alcohol)：

$CH_3(CH_2)_{21}OH$，因所含碳數高，溫度變化對其製品之黏度影響較小。

6. 羊毛醇(Linolin alcohol)：

黃色至黃棕色油膏或蠟狀固體，略有氣味，熔點：$47\sim75°C$，主要成分是高級直鏈脂肪醇和膽固醇的混合物，長期儲存不易酸敗。是動物性羊毛脂蠟的衍生物，對頭髮及皮膚的親和性特別好，和其他高級脂肪醇比較，羊毛醇的保濕效果和助乳化作用均較佳，廣泛用於護膚膏、霜中，也可作為乳化製品的增稠劑、乳化安定劑、調濕劑、粉餅類化妝品的黏合劑。

7. 氫化羊毛醇(Hydrogenate lanolin alcohol)：

是經過氫化的羊毛醇，在氫化過程中將羊毛醇的碳雙鍵轉變成單鍵，因此安定性較高。白色至淡黃色軟性蠟狀固體，熔點：$47\sim54°C$，能吸收比自身多 $3\sim4$ 倍的水，在油脂中溶解性好。廣泛被用於 W/O 型乳化的化妝品中，也可以用在 O/W 型乳化的產品中當作乳化安定劑，具有優良的調濕性、不黏膩，並能有效增加產品的稠度，是優良的皮膚濕潤劑、乳化增稠劑、乳化安定劑和粉餅黏合劑。

以上脂肪醇類的油溶性由 1.~7.逐漸增加。

　　此外還有 2-己基十醇(2-Hexyl decanol)、2-辛基十二醇(2-Octyl dodecanol)以及異十八醇(Isostearyl alcohol)等具側鏈的高級脂肪醇,特點是凝固點非常低(-55～-60°C 左右),化學安定性較佳,尤其是異十八醇之熱安定性及耐酸性最佳。

　　醇類在化妝品中主要是扮演乳化助劑的角色,雖然也可以形成疏水性膜,防止皮膚的水分散失,但對皮膚內部的生理機能並沒有多大的貢獻,對皮膚的刺激性會隨脂肪鏈的長度減少而遞增。比較安全的是經羊毛脂皂化水解後得到的羊毛醇,得自動物的膽固醇或萃取自植物的麥角固醇才具有護膚性,可以當作化妝品中的活性成分,而非助化劑。

 五　高級脂肪酸酯類

　　酯類是由酸和醇經脫水酯化反應(Esterification)而得,也可依個人喜好製造出各種不同化學結構的人工合成酯。酯類具有如下的結構式:

$$R_1-C-\overset{\overset{\displaystyle O}{\|}}{C}-O-C-R_2$$

　　分子較小時會散發出宜人的水果香味,如丁酸甲酯具有蘋果香味;分子較大的酯類可分成天然(如天然的油、脂、蠟類)和合成兩大類,對皮膚有柔軟的作用,能賦予髮膚光澤等。化妝品中選用高級脂肪酸酯類的目的是要配合在油相中減輕產品的油膩感,且可當作互不相溶之油之混合劑。

化妝品中常用的高級脂肪酸酯類：

1. 十四酸異丙酯（肉荳蔻酸異丙酯，Isopropyl myristate, IPM）：

$CH_3(CH_2)_{12}COOCH(CH_3)_2$，由肉荳蔻酸和異丙醇合成的酯，為無色至淡黃色稀薄油狀液體，無嗅、無味，熔點：$6°C$，可溶於乙醇、乙醚、氯仿，能和水以任何比例混合，具良好的潤滑性及皮膚滲透性。因與化妝品中其他原料的相溶性佳，在化妝品中主要當作乳化類產品的潤滑劑，能提高產品的親膚性，但對皮膚具有刺激性，用量不宜多。在膏、霜、乳液、美容和頭髮製品中皆可使用。

2. 十六酸異丙酯（棕櫚酸異丙酯，Isopropyl palmitate, IPP）：

$CH_3(CH_2)_{14}COOCH(CH_3)_2$，由棕櫚酸和異丙醇合成的酯，無色透明油狀液體，無嗅、無味，凝固點：$11°C$，可溶於乙醇、乙醚、氯仿，能和水以任何比例混合，有良好的潤滑性和皮膚滲透性。在化妝品中主要當作乳化類產品的潤滑劑，能賦予化妝品良好的塗敷性，親膚性良好，易被皮膚組織吸收，使皮膚柔軟。

3. 十四酸十四酯（肉荳蔻酸肉荳蔻酯，Myristyl myristate, MM）：

$CH_3(CH_2)_{12}COO(CH_2)_{13}CH_3$，由肉荳蔻酸和肉荳蔻醇合成的酯，熔點：$36\sim46°C$，白色蠟狀固體，加在化妝品中可當皮膚柔軟劑，可增加化妝品的塗敷性，對毛髮有順髮、潤絲的功能。

4. 十四酸十六酯(Cetyl myristate)：

由肉荳蔻酸和棕櫚醇合成的酯，熔點：$46\sim52°C$，$CH_3(CH_2)_7CH=CH(CH_2)_7CH_2OH$，作用和上項類似。

5. 苯甲酸異硬脂醇酯(Isostearyl benzoate)：

由苯甲酸和異硬脂醇合成的酯，對皮膚有柔軟、滋潤的作用，是一種不油膩的透氣性油，可用在防曬製品、各類型護膚產品、香精油和定香劑。

6. 苯甲酸月桂醇酯(Lauryl benzoate)：

由苯甲酸和 $C_{12}\sim C_{15}$ 的高級脂肪醇合成的酯類混合物，是具有 IPM 和 IPP 的特性，但不具刺激性的透氣油，可當作皮膚的柔軟劑，香料和色料的助溶劑、分散劑和定香劑，可用在護膚油、防曬產品、彩妝製品和皮膚保養品中。

7. 苯甲酸硬脂醇酯(Stearyl benzoate)：

由苯甲酸和硬脂醇合成的酯，可增進產品穩定性和塗敷感，可改善口紅冒汗的情形，亦用在制汗劑以及高黏度乳化製品。

8. 二辛酸丙二醇酯(Proplene glycol dicaprylate)：

由 2 分子的辛酸(Caprylic acid)和丙二醇合成的酯。在化妝品中可作為皮膚的柔軟劑、助推劑，本身不黏且無油膩感。

$$
\begin{array}{c}
\qquad\qquad\qquad O \\
\qquad\qquad\qquad \| \\
\qquad\qquad O-C-(CH_2)_6CH_3 \\
CH_3-CH-CH_2 \\
\qquad\quad O-C-(CH_2)_6CH_3 \\
\qquad\qquad \| \\
\qquad\qquad O
\end{array}
$$

9. 乳酸鯨蠟醇酯(Cetyl lactate)

由乳酸和鯨蠟醇合成的酯，白色軟固體，可當皮膚的柔軟劑，並改善乳化製品的觸感。

高級脂肪酸酯類在化妝品中的用途十分廣泛、好用。作為溶劑時可當植物油與礦物油的混合劑、香料、染料和油溶性維生素的溶劑等。液態的脂肪酸酯類具有優良的透氣性、保濕性及柔軟性，質地清爽無油膩感，常加在保養品中取代部分植物油脂；此外，因具有優良的分散性、展延性，也被大量的用在彩妝製品中，有利於粉底、口紅等的著妝。使用前應了解各種合成酯的優缺點，因合成酯類對皮膚的滲透力佳，但不具護膚價值，配方中若添加過量，可能會導致皮膚功能的減退、造成過敏的現象，加在高級護膚產品和過敏性肌膚用產品中尤須注意。

六　粉體原料

是粉末化妝品的主要原料，使用的目的是：遮掩皮膚的瑕疵及調整膚色，化妝品中粉劑的細度要求在 300mesh 以下（粒徑小於0.045mm），目前有做成超微粒的粉劑，粒徑約 0.04～0.01μm。

（一）選擇粉體原料時應注意事項

1. 遮蓋力：

選擇具有強遮蓋力效果的粉體，主要的目的是要掩飾皮膚上的各種缺陷，如斑點、毛孔粗大及皮脂分泌過盛所引起的油亮度等。但若皮膚本身並無上述瑕疵，則不宜選擇具有太強遮蓋力的粉體，以免造

成著妝過於厚重，像帶面具般不自然的感覺。粉體中遮蓋力最佳的是二氧化鈦(TiO_2)，其次是氧化鋅(ZnO)，遮蓋力較低的是滑石粉。

2. 吸收調節力：

大多數粉體都具有吸脂、吸濕性，上妝時間太久很容易造成皮膚乾燥、缺水、缺油的疲勞現象。因此用在彩妝中的粉體，宜選擇吸脂、吸濕力較弱的粉體，如滑石粉來搭配。目前更朝向可調節皮脂膜油水含量平衡的粉劑發展。

3. 附著力：

粉體的附著力佳，不會在上完妝後，因為臉部出油或流汗就脫妝，這樣的現象在早期幾乎是無法避免的，因為所有的粉體都無法達到長久上妝卻不脫妝的要求。早先使用金屬脂肪酸鹽類來輔助粉體，增加對皮膚的附著力；目前則多藉由加入其他非粉體的原料，如 Dimethicone 等的矽氧烷類來使粉體較不易脫落。更甚者，是將粉體做表面處理，在粉體表面被覆一層鐵弗龍（Teflon，聚四氟乙烯）或壓克力之類的疏水性膜來防止脫妝。

4. 展延性：

加在彩妝產品中的粉體最重要的是要能塗佈均勻，不至於在塗後產生厚薄不一的現象，因此粉體需具有良好的展延性，如滑石粉、雲母粉就具有這樣的特性。但很難單獨依靠粉體本身的特性就想要達到很好的塗布效果，因此彩妝產品就善於利用各種金屬脂肪酸鹽來增加滑度和展延性；常用的如硬脂酸鋅、硬脂酸鎂等附著力也不錯的金屬脂肪酸鹽類。

5. 粉體顆粒的細度：

粉體的粗細與對光線的反射能力和可遮蓋的總表面積有關，等量的粉體，顆粒越小總表面積越大，上妝時不但用量較省，且皮膚看起來會顯得光滑細緻。粉體細度也會影響粉體抗紫外線的能力，細度好的粉體對紫外線的防禦效果較好，目前用到的粉體製品幾乎都以超微粒為高品質的號召。

6. 防曬性：

粉體會對光線產生折射效應，是很好的物理性防曬劑，不同的粉體所能反射的光源並不相同，在化妝品中只有二氧化鈦和氧化鋅兩種粉體對紫外光區的光線具有反射的能力，二氧化鈦主要是反射 UVB 的光線，氧化鋅則是反射 UVA 的光線。

（二）化妝品中常用粉體

1. 二氧化鈦(Titanium dioxide, TiO_2)：

或稱鈦白粉，無嗅、無味的白色粉末，質地柔軟，是遮蓋力最強的無機惰性粉體，遮蓋力約為氧化鋅的 3～4 倍，吸油及防曬功能佳，附著力中等，柔滑度及展延性較差，主要用在需要高遮蓋力的蓋斑膏、粉膏、粉條或粉餅中。

2. 高嶺土(Kaolin, $Al_2O_3 \cdot 2SiO_2 \cdot 2H_2O$)：

又稱中國黏土(China clay)，白色或淺灰色粉末，有滑膩感、泥土味，密度高($2.54～2.60g/cm^3$)，吸濕性、吸油性、遮蓋力均佳，具有抑制皮脂和吸收汗液的性質，可用於製造香粉、粉餅、胭脂、水粉等製品，可以減低亮度、增加色澤之自然感覺，用量略小於滑石粉，在彩

妝產品中需控制用量，以免因過度吸水、吸油而讓皮膚產生條紋現象，適合用在需要強力去脂的敷臉製品中。

3. 碳酸鎂(Magnesium carbonate, xMgCO$_3$ · yMg(OH) · zH$_2$O)：

是鹼性粉體，有輕質(Light)碳酸鎂和重質碳酸鎂之分，化妝品中以品質較純、細度較小、粉體密度小、體積比較大的輕質碳酸鎂為主，是製造散粉、撲粉時不可或缺的粉體；此外還可以延長香料中前味的作用時間。製造時先將輕質碳酸鎂與香料混合均勻後，再加入其他成分混合，可增加香味的持久性，可當作香料保留劑。可用於製造香粉、粉餅、胭脂、水粉等產品，也可以用作牙膏的填充劑、香精的混合劑等。重質的碳酸鎂具有優越的吸脂力，可加入產品中調節產品的吸脂性。

4. 硬脂酸鎂(Magnesium stearate, C$_{36}$H$_{70}$O$_4$Mg)：

$$C_{17}H_{35}-\overset{\displaystyle O}{\underset{\displaystyle \;}{C}}-O \diagdown$$
$$Mg$$
$$C_{17}H_{35}-\overset{\displaystyle \;}{\underset{\displaystyle O}{C}}-O \diagup$$

為白色細微粉末，本身無毒，對皮膚的附著性、展延性、潤滑性佳，吸油性好，主要用作香粉的黏附劑，以增加香粉在皮膚上的附著力，通常加入 5～15%。

5. 硬脂酸鋅(Znic stearate, $C_{36}H_{70}O_4Mg$)：

$$C_{17}H_{35}-\overset{\overset{\displaystyle O}{\|}}{C}-O$$
$$Zn$$
$$C_{17}H_{35}-\overset{\underset{\displaystyle O}{\|}}{C}-O$$

　　為白色細微粉末，有滑膩感、無毒，對皮膚的附著性、展延性、潤滑性佳，吸油性好，主要用作香粉的黏附劑，以增加香粉在皮膚上的附著力。硬脂酸鋅質輕、柔軟，加到粉類化妝品中會包覆在其他粉末外面，使香粉不易透水，加入量約 5～15%。

6. 碳酸鈣(Calcium carbonate, $CaCO_3$)：

　　是鹼性粉體，因來源或製造方法不同，而有輕質(Light)、重質、活性和天然碳酸鈣之分，無嗅、無味。化妝品中以品質較純、細度較小、粉體密度小、體積比較大的輕質碳酸鈣為主，吸油性佳，可用於製造散粉、撲粉、香粉、粉餅、胭脂、水粉等產品，與滑石粉合併使用能除去滑石粉的閃光，還可當香精混合劑。

7. 氧化鋅(Znic oxide, ZnO)：

　　為白色粉末，無嗅、無味，易從空氣中吸收二氧化碳變成碳酸鋅，對皮膚有緩和的乾燥和殺菌作用，是遮蓋力佳的無機惰性粉體，具收斂性、中等附著力，防曬功能佳，但柔滑度較差，是粉類化妝品的基本原料，用於香粉、粉餅等，主要當遮蓋劑，通常用量約 15～25%，也可當皮膚收斂劑用。

8. 滑石粉(Talc, Talcum powder, $3MgO \cdot 4SiO_2 \cdot H_2O$)

是含水矽酸鎂，白色、銀白或淡黃色粉末，屬於鹼性粉體，具潤滑性、耐火性、絕緣性、抗酸鹼性，透明度、光澤度相當好，展延性、潤滑度極佳，但遮蓋力、吸油性差，是粉類化妝品的重要原料，用於製造香粉、粉餅、胭脂、爽身粉等產品，在香粉中的用量可達 65%，粉餅中達 45%，常與二氧化鈦、氧化鋅搭配使用。

以上粉體的遮蓋性，由 1.～8.逐漸減少。

9. 雲母粉(Mica, $KAl_2(AlSi_3)O_{10}(OH)_2$)：

單斜晶系的矽酸鹽，是自然界最薄的板狀礦物，具半透明的外觀且耐熱性佳，經研磨及高溫熱處理後會有優越的展延性和附著力，實用上常將二氧化鈦被覆於雲母片上，經高溫燒灼後成為具有閃亮珍珠光澤的珠光粉體，主要用於完妝時所使用的撲粉、散粉、眼影、腮紅和口紅中，可營造出光澤閃亮的美感。

10. 絹雲母(Seritite)：

粒徑更小的雲母，是白雲母的變種，組成中約含 48.3%SiO_2，34.8%Al_2O_3，和 9.8%K_2O，粉體表面會呈現如絲緞般的光澤，加在彩妝產品中可賦予肌膚表面絲絨般的平滑觸感，透明度相當好，可媲美滑石粉，目前已漸漸取代彩妝製品中的滑石粉。

11. 澱粉類(Starchs)：

應用澱粉來製造粉底早已有之，常用的有大麥(Rice)、小麥(Wheat)和玉米(Corn)。傳統製造上礙於微生物的污染和所展現的物理性質，無法與無機粉體競爭，使用的廠商並不多。但目前提倡回歸自然的原料，

使用澱粉對皮膚的安全性佳，無重金屬的問題，且可以改善粉底製品質感的輔助原料趨於多元化，因此澱粉的使用又再現曙光。

12. 高分子粉體(Polymeric powders)：

球狀粒子和層板狀粒子的高分子粉體具有極佳的觸感和展延性，已經廣泛的應用在化妝品中，如聚乙烯粉末(Polyethylene powder)和尼龍粉末(Nylon powder)。

此外，為了改善粉體本身的過度吸脂、吸濕或不良的展延性、附著力等性質，還發展了粉體表面處理的技術，使粉體本身除了具有修容的作用外，還能同時具有不暈染、不脫妝的功效，以提升粉體的利用價值。如以矽酮烷(Silicone)處理後可提升彩妝的持久性；抗水、抗油粉體的開發，延長了彩妝的持久性和色澤一致性；降低塗擦時因拖曳現象所造成的皺摺外觀；乾濕兩用粉餅的上市；具護膚保濕功效的彩妝產品；隨光線強弱而改變顏色的光變色性粉體的開發，以及藉助光學效應來模糊皺紋的紋路並減低皺紋處的彩度，來達到遮掩皺紋的功效，使得目前彩妝製品所能發揮的持久、遮瑕、抗汗、平滑、柔亮等性質有了相當水準的發展。

七 香料

對消費者而言、氣味和容器的外型設計是最初接觸到商品的特性；由於一些化妝品的基劑原料帶有特殊的氣味，因此添加香料的主要目的就是要遮蓋這些氣味，同時提升產品的附加價值。近年來有關香氣的心理學研究不斷的進步，不僅包括從別人眼中如何提升自我的形象，也涉及使用人本身的身體和心理等方面的研究。如：人處於持

續緊張狀態時，身心都會發生一系列的變化，如荷爾蒙的平衡會被打亂、新陳代謝會變得不正常，導致皮膚變得較粗糙。芳香不僅會使人的感情和情緒變得愉快，也可以影響人的神經系統和荷爾蒙分泌系統，發揮維持身體內部穩定的角色。

香(Odor)可分為用聞的嗅香(Perfume)，和用吃的味香(Flavor)兩種，在化妝品中指的是單純的嗅香，食品中則包含了嗅香和味香。

香料依來源不同可以分成天然香料、合成香料以及調和香料。天然香料包括從植物中分離得到的植物性香料，和從動物腺囊中採集得到的動物性香料。合成香料是指具有單一結構式的香料，包括有從將天然香料中分離出來的單離香料，和由合成反應生成的全合成香料。另外，將天然香料和合成香料依使用目的混合後，稱為調和香料。

香料通常是淡黃色、淡綠色或棕色具揮發性的透明液體，比重多小於 1，不溶於水、可溶於酒精等有機溶劑或油脂中，屬於油溶性液體。香料本身也是一種溶劑，能溶解聚苯乙稀(PS)、聚氯乙稀(PVC)等塑膠和可塑劑，遇到光、熱、空氣或金屬離子後，色澤和香調會起變化導致變質。

香料是一些含有碳(C)、氫(H)、氧(O)、氮(N)、硫(S)等元素的芳香性有機物之混合物質，分子量約在 300 以下，以飽和、不飽和或環狀形態結合。

香料會具有芳香性是因為化學結構式中具有發香團(Osmophore)所致，這些發香團包括：醇(Alcohol, -OH)、醛(Aldehyde, $-\overset{\overset{\text{O}}{\|}}{\text{C}}-\text{H}$)、醚(Ether, -O-)、酯(Ester, $-\overset{\overset{\text{O}}{\|}}{\text{C}}-\text{OR}$)、羧酸(Carboxylic acid, $-\overset{\overset{\text{O}}{\|}}{\text{C}}-\text{OH}$)、酮(Ketone, $-\overset{\overset{\text{O}}{\|}}{\text{C}}-$)、硫氫(-SH-)等。

（一）天然香料

1. 動物性香料：

動物性香料的特色是具有較低的揮發性，在香味的散發過程中屬於後味，在香味的調配上主要作為定香劑（保留劑），是取自動物的生殖腺分泌物或病態結石產物，經乾燥後再用酒精浸泡、稀釋得。

(1) 麝香(Musk)：

白色至暗褐色結晶狀固體，是東洋和西歐最珍視的動物性香料，也是中藥的興奮劑、強精劑，比黃金的價格還高，主要是從亞洲中部山丘地帶生長的雄性麝香鹿的香囊中採集（生殖腺分泌物）得到，以中國的西藏、雲南和四川附近捕獲的為最高級品，蒙古、印度北部、南西伯利亞也有，屬於草食性動物，香氣成分為麝香酮(Muscone, $C_{16}H_{30}O$)。2 歲以下的麝香鹿只會分泌有不快臭氣的乳狀物質，2 歲後開始生成麝香，隨成長而增量，在交配期特別多，從 10 歲的雄鹿可取得約 50 克麝香，粒狀的麝香有強烈的不快臭味，但稀釋後會產生特有的芳香。由於天然麝香的來源稀少，目前已有數十種合成麝香（大環狀麝香）、人造麝香；中國的四川省、陝西省也已經成功的用人工飼養麝香鹿。純乾燥天然麝香中約含麝香酮 0.5～2.0%，水分 10～15%，灰分 7～8%，水溶性物質 50～70%，醇溶性物質 10～15%，主要作為高級化妝品的香料，具有很強的定香力。

麝香酮學名：3-甲基環十五-1-酮，無色至白色不透明結晶，熔點：33°C，沸點：328°C。

$$O=C \overset{\displaystyle (CH_2)_{12}-CH-CH_3}{\underset{\displaystyle \qquad\quad CH_2}{|\qquad\qquad|}}$$

(2) 香貓香（靈貓香，Civet）：

淡黃色膏狀半固體，遇光後會逐漸變成深棕色，是香貓（靈貓、麝香貓）香囊中的生殖腺分泌物，分為亞洲產和非洲產，亞洲產的分布於緬甸、爪哇、菲律賓、台灣、中國的四川、雲南、浙江、陝西等地，非洲產的分布於伊索匹亞、塞內加爾和幾內亞等地。

雌雄香貓成熟後都會分泌貓香，雌貓的分泌物香氣較強，但雜質較多，所以不從雌貓採香。香氣成分為靈貓（香）酮(civetone, $C_{17}H_{30}O$)學名：環十七-9-烯-1-酮，無色至白色結晶，熔點：32.5°C，沸點：344°C。

$$\begin{array}{c} CH\!-\!(CH_2)_7 \\ \| \qquad\qquad\quad C\!=\!O \\ CH\!-\!(CH_2)_7 \end{array}$$

天然的靈貓香中還含有少量的吲哚(Indole)、糞臭素(Skatole)，具有令人厭惡的腥臭味，稀釋後則有令人愉快的芳香氣味。

(3) 海狸香(Castreum)：

雌雄海狸都有香囊，棲息於加拿大、西伯利亞湖沼，捕獲量以加拿大較多，品質也是加拿大的較好。加拿大產的海狸香稍有松節油的香氣；蘇聯產的有皮革的香氣，是因為加拿大的海狸吃針葉樹皮，而蘇聯海狸吃樺樹皮所致，原為不快的氣味，經稀釋後具有琥珀般的香氣。

(4) 龍涎香(Ambergris)

是抹香鯨腸內的病態結石產物，成因不明，但因內含章魚的喙、顎骨等雜物，因此被認為可能是鯨魚食用章魚後的不消化物刺激腸胃而產生。龍涎香為無光澤蠟狀塊，有帶黃的灰色和黑色等不同等級，

以帶黃的灰色品為最高級。和其他動物性香料不同的是，龍涎香並沒有排泄物或刺激臭，僅有溫和乳香般的樹膠臭，有浮在海上或漂流上岸的，也有從捕獲的抹香鯨腹中取出的。大多發現於非洲、印度、日本、蘇門答臘、紐西蘭、巴西等地的海上，捕鯨則以日本和蘇聯為最大產地；以在海上長期漂流、無夾雜物的最珍貴；香氣成分以龍涎香醇為主，約含 $25 \sim 45\%$(Ambrein, $C_{30}H_{52}O$)，在調香時是很好的保留劑，氧化後會產生多種具揮發性的芳香物質。

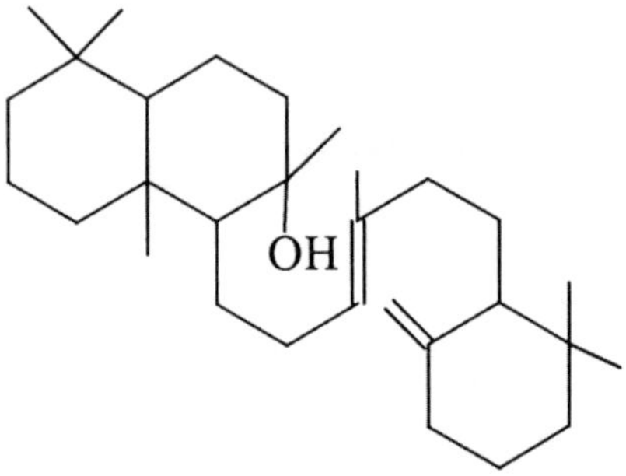

OH

2. 植物性香料：

可以從植物的花（如：玫瑰、茉莉、香水樹）、果（如：杜松果）、種子（如：茴香子、胡椒）、枝幹（如：白檀木、檜木）、根莖（如：樟腦、岩蘭草）、葉（如：月桂、香草、檸檬、肉桂）、果皮（如：橙皮、檸檬皮、肉桂皮、菩提樹皮）、全草（如：薄荷、薰衣草、芸香）等部位中，萃取出具有揮發性的精油(Essential oil)和一些揮發性較低的芳香物質。另植物中也含有樹脂狀物質，樹脂中若含大量精油，在室溫下成液狀的稱為含油樹脂(Oleoresin)，精油含量少、流動性消失就成為固型樹脂。香脂(Balsam, Balm)是將樹脂溶於芳香族羧酸或芳香族醇與羧酸酯中得到。

植物性香料的採取法有：

(1) 水蒸氣蒸餾法(Steam distillation)：

利用香精的揮發性和不溶於水的特性，把植物放在蒸餾容器中，通入水蒸氣來軟化植物的組織、細胞，使釋放出其中蘊含的精油，在高溫狀態下精油會汽化、連同水蒸氣一起在冷凝器中冷卻凝結為液體，因精油和水的比重不同（除丁香油(Clove bud oil)的比重大於 1 外，其餘精油的比重比水小，會浮在水面上），易於分離。若有少許精油溶在水中、經由特殊技術將回收的蒸餾水再處理後即可得芳香花露水。

水蒸氣蒸餾法的缺點是：有部分香精成分會被熱蒸氣破壞、甚至引起化學變化而變質。

(2) 溶劑萃取法(Solvent extraction)：

若用水蒸氣會破壞香精成分時，可以考慮用溶劑萃取法來採取香料。加入高揮發性的溶劑（通常用己烷）與搗碎的物質浸泡，使溶劑充分滲入植物的組織內溶解出其中的精油、天然蠟質、天然樹脂和色素（如：葉綠素）等物質，再利用減壓蒸餾法將大部分的溶劑蒸出，殘餘物若是蠟狀的凝固狀態，就是所謂的凝固香(Concretes)，大部分凝固香中約含50%無味的蠟質，很難溶於其他芳香物質中，僅具稀釋精油的功用。將凝固香再以醇類萃取、除去蠟質、樹脂等物質後的殘餘物稱為香精(Absolute)，如茉莉花香精就是由此法得到。

若第一次萃取後得到的殘餘物不是蠟狀的凝固態，而是樹脂狀物質，就是類樹脂(Resinoids)，如安息香、乳香、沒藥等，類樹脂在香水工業中通常會被當作固香劑(Fixative)使用，以增加香水中香味的持久性。

　　溶劑萃取法的缺點是：不一定能完全除去有機溶劑，且在加工過程中容易摻雜化學合成物質。

(3) 浸漬法(Maceration)：

　　是香水業的一種煉製方法，將動物或植物原料搗成適當的碎片後，和適量、固定濃度的醇類放入密閉容器中，視情形攪拌，充分萃取後，過濾、濃縮至所要的氣味濃度後，如酒般存放、使其自然熟成，由浸漬法所得的產品稱為香料(Tincture)。各式香料曾普遍用在香水中，近年來大部分被同等級的精油和芳香產品所取代，只剩動物香仍沿用此法製成酊劑，業者並將香草、香豆等植物性香料一併浸泡調製。另外在提煉媒介植物油(Carrier oil)時也常用此法。通常將植物的花、葉浸泡在蔬菜油中。

(4) 恩佛利法（Enfleurage，油脂吸收法）：

　　真正的香膏(Pomade)是用恩佛利法製成的，適用於花朵被採摘數小時後仍會分泌精油的植物，是早期從花朵中萃取芳香物質最主要的方法，是需要相當密集勞力的製作過程，目前屬於已經過時的方法，分成熱吸法和冷吸法。將剛採下的花瓣一片一片的放在恩佛利油脂（豬脂＋羊脂）上，放置約 2~3 天，讓油脂充分吸收花瓣的精油後、重複上述步驟至油脂成為飽含精油的香膏，再用醇類萃取出其中的香精，就是聞名的葛萊斯恩佛利香精。有熱吸和冷吸兩種方法，冷吸法主要用於不能加熱處理的芳香精油，如茉莉和晚香玉的花，否則香氣將遭破壞。

(5) 壓榨法(Expression)：

　　柑橘屬（檸檬、柳橙等）植物的果皮中所含芳的香精油易遭高溫蒸氣破壞，因此常用冷壓榨法、壓榨出來後經水分離稱為冷壓精油。由柑橘屬類得到的精油中的萜烯類化合物難溶於醇類中、且易氧化、聚合，雖然也有直接作為香料使用的，但有些會將精油用有機溶劑萃取或分餾後，除去萜烯和倍半萜烯類的組成後使用，稱為無（去）萜精油。

(6) 超臨界流體萃取法(Super critical fluid extraction, SCF)：

　　又稱二氧化碳(CO_2)萃取法；在極低的溫度下以 CO_2 代替液態溶劑進行萃取。優點是：無殘餘溶劑、不會破壞精油組成，但設備費較昂貴。

　　常見具代表性的天然植物香料如表 4-3：

表 4-3　具代表性的天然植物香料

	名稱	植物的學名和萃取部位	主要產地	採油法（收油率）%	主要成分
1	玫瑰油 Rose absolute	Rosa damascena,R. centifolia 新鮮花	保加利亞、土耳其、法國南部、摩洛哥	水蒸氣蒸餾法 (0.01~0.04) 揮發性溶劑萃取法 (0.07~0.1)	l-Citronellol(30~50%)、Geraniol、Linalool、Damascenal 等
2	茉莉油 Jasmine absolute	Jasminum officinale var. 新鮮花	埃及、阿爾及利亞、法國南部、印度、摩洛哥	揮發性溶劑萃取法 (0.14~0.16)、油脂吸收法	Benzylacetate(65%)、d-Linalool(~6%)、Jas-mone、Benzylalcohol 等
3	橙花油 Neroli	Citrus aurantium,var.amara 花	法國南部、摩洛哥、義大利、西班牙、葡萄牙	水蒸氣蒸餾法 (0.08~0.15)	l-Linalool(30%)、Linalyacetate(7%)、d-Nerolido、Geraniol 等
4	薰衣草油 Lavender oil	Lavandula officinalis 花	法國南部	水蒸氣蒸餾法 (0.7~0.85) 揮發性溶劑萃取法 (0.7~1.3)	Linalyacetate (30~40%)、Limonene、Lavandulcl、Ester of Linalool and Geraniol 等
5	伊蘭-伊蘭油（香水樹油）Ylangylang oil	Cananga odorata formagenuine 花	印度、菲律賓、馬達加斯加、科莫洛群島、留尼旺群島	水蒸氣蒸餾法 (0.5~2.2) 揮發性溶劑萃取法 (0.7~2.5)	Linalool、Geraniol、Benzyl alcohol、Farnesol 等

表 4-3　具代表性的天然植物香料（續）

	名稱	植物的學名和萃取部位	主要產地	採油法（收油率）%	主要成分
6	晚香玉油（月下香油）Tuberose oil	Polyanthes tuberosa 花	法國南部、摩洛哥、埃及	揮發性溶劑萃取法(0.01~0.03)、油脂吸收法	Geraniol、Benzyl alcohol、Farnesol 等
7	鼠尾草油 Sage oil	Saliva officinalis 花、葉	南斯拉夫、法國南部、義大利、西班牙	水蒸氣蒸餾法(0.5~1.5)、揮發性溶劑萃取法(0.01~0.1)	Linalyacetate、Linalool、Nerolido 等
8	丁香油 Clove oil	Eugenia caryophyllata 芽苞、花、葵	印度、馬達加斯加、斯里蘭卡	水蒸氣蒸餾法(15~17)、揮發性溶劑萃取法(4~6)	Euganol(70~90%)、Methyl salicylate 等
9	（歐）薄荷油 Peppermint oil	Mentha piperita var. 整株（花、葉、莖）	巴西、歐洲、美國	水蒸氣蒸餾法(0.3~1.0)	l-Menthone(40~50%)、Menthol(16~25%)、Isomenthol 等
10	天竺葵油（香葉油）Geranium oil	Pelargonium graveolens 葉	摩洛哥、埃及、留尼旺群島、阿爾及利亞	水蒸氣蒸餾法(0.15~0.3)、揮發性溶劑萃取法(0.3~0.4)	l-Citronellol(25~50%)、Geraniol(10~15%)、Linalool、Menthol 等
11	廣藿香油 Patchouli oil	Pogostemon patchouli,P.cablin 乾燥葉	馬來西亞、印尼、菲律賓、中國、蘇門答臘	水蒸氣蒸餾法(3~6)	Patchouliol(35~40%)、Patchoulione 等
12	檀香油 Sandalwood	Santalum album 木材	印度	水蒸氣蒸餾法(4.5~6.3)	α,β-Santalol(90%)、Santene 等

▓ 表 4-3　具代表性的天然植物香料（續）

	名稱	植物的學名和萃取部位	主要產地	採油法（收油率）%	主要成分
13	肉桂油 Cinnamon oil	*Cinnamomum zeylanicum* 樹皮	斯里蘭卡、爪哇、馬達加斯加	水蒸氣蒸餾法 (0.2~1.8)	Cinnamaldehyde (65~76%)、Eugenol(2~5%)、Pinene、l-Phellandrene 等
14	芫荽油 Coriander oil	*Coriandrum sativum* 種子	俄羅斯、墨西哥、摩洛哥、法國、匈牙利、印度	水蒸氣蒸餾法 (0.3~1.0)	d-Linalool(65~70%)、Geraniol 等
15	肉荳蔻油 Nutmeg oil	*Myristica fragrans* 種子	印度南部、印尼、蘇門答臘、巴西	水蒸氣蒸餾法 (6~16)	Sabinene、Pinene、Camphene、Limonene 等
16	黑胡椒油 Black Pepper oil	*Papper nigrum* 果實	印度南部、印尼、蘇門答臘、巴西	水蒸氣蒸餾法 (1.0~2.7)	Eugenol、Sabinene 等
17	檸檬油 Lemon oil	*Citrus limon* 果皮	美國、義大利等地中海沿岸、巴西	壓榨法 (0.2~0.3)	Limonlene(90%)、Terpinene(7%)、Cirtal、Piene 等

（二）合成香料

進入 20 世紀後，隨著香料需求的增加、土地和勞力費用上漲，使天然香料的價格高漲，且因天然香料的品質和來源不易控制，所以大量、廉價、來源穩定的合成香料需求不斷的增加；有從天然香料中萃取成分後、經由精餾、結晶和一些簡單的化學處理後得到的單離香料，或經由有機合成反應得到的純合成香料。

香料的組成極複雜，可由數個甚至數百個化學成分組合而成，其中某些成分可能會引起光毒性和光過敏性，若被添加到化妝品中，接觸到皮膚，有可能會引起接觸性皮膚炎，因此，產品研發者應注意欲添加香料的安全性，以保障消費者。目前已經臨床證實會引起皮膚過敏現象的香料成分有：肉桂醇(Cinnamic alcohol)、肉桂醛(Citronella)、丁香酚(Eugenol)、香豆素(Coumarin)以及茉莉花(Jasmine)等。

完全的合成香料多是煤焦和石油的衍生物，許多合成香料原來並不存在於自然界中，如合成麝香、葵子麝香、兔耳草醛等等。

單離和合成的香料可以根據所含有的官能基(Functional group)分成：脂肪族醇類、醛類、芳香族酮類、巨環內酯類等，以便進行有機合成及理化性能和分子結構的研究。

（三）調合香料

使化妝品帶有香氣稱為賦香，在賦香時很少單獨使用某種天然或合成香料，多是將數種天然及合成的香料混合配製成一定香型的混合香料，稱為調香；調配出的混合香料稱為香精。

調香是一門技術、也是一門藝術，既需要豐富的技術經驗，又需要靈敏的嗅覺。各種香料間有相互調合或不調和的區別，將相互調和的香料混合後會得到極佳的香味；不調和的香料混合後將會產生不愉快的臭味。

　　調香師需掌握常用香料的香氣分類、性能特徵和使用效能等。香氣分類是調香師根據不同的角度和依據提出的方法，有借用音符、色調的原理；有按原香和揮發性來劃分；有根據香氣轉化與過度規律以及可調配香精的香型來分類；涉及藝術、哲理和生物學的觀點，繁簡不一，各有長處，已知的香氣分類法眾多，表 4-4 是依照香韻分類成較實用的方法，調香時可供參考。

🖌 表 4-4　依香韻分類的香氣分類法

	香韻分類	代表香料	同類的香氣
1	杏仁類	苦杏仁	月桂、桃仁、硝基苯
2	琥珀類	龍涎香	橡樹苔
3	茴香類	茴香	葛縷子、蒔蘿子、小茴香、芫荽子
4	膏香類	香子蘭	祕魯香、吐魯香、安息香、蘇合香、黑豆香
5	樟腦類	樟腦	迷迭香、廣藿香
6	丁香類	丁香	香石竹、紫丁香
7	柑橘類	檸檬	香檸檬、甜橙、香櫞、白檸檬
8	果香類	梨	蘋果、鳳梨
9	茉莉類	茉莉	鈴蘭
10	薰衣草類	薰衣草	穗花薰衣草、百里香
11	薄荷類	薄荷	留蘭香、滇荊芥、芸香、紫蘇
12	麝香類	麝香	靈貓香、麝香木、秋葵子
13	橙花類	苦橙花	刺槐、山梅花、橙葉
14	玫瑰類	玫瑰	香葉、歐薔薇、玫瑰木
15	檀香類	檀香木	岩蘭草、柏木
16	辛香類	肉桂	桂皮、荳蔻、肉荳蔻皮、甜胡椒
17	晚香玉類	晚香玉	百合、長壽花、水仙、風信子
18	紫羅蘭類	紫羅蘭	金合歡、鳶尾根、木樨草、桂花

（本表引自：童琍琍、馮蘭賓編著：化妝品工藝學，中國輕工業出版社，1999）

 **色料**

由於消費者在選購化妝品時會根據視覺、嗅覺和觸覺來判斷，因此色料對化妝品而言相當重要，是視覺方面重要的一環，顏色調配得當可以提高產品的價值感。

化妝品中使用的色料除了可以使化妝品具有色彩、遮蓋力和防禦紫外線的功能外，用在美容化妝品中還可以適當的覆蓋皮膚、遮蓋皮膚上的褐斑和雀斑，使皮膚呈現色彩和美麗感。

用於化妝品中的色料可以分為染料(Dyestuffs)、顏料(Pigment)、珠光顏料(Pearl luster)、螢光色素、天然色素和機能性顏料五類。其中，染料可以溶解在化妝品成分中顯色，顏料則僅是均勻分散在化妝品成分中，並不會溶解。顏料又分為有機顏料和無機顏料，無機顏料的安定性較有機顏料佳，染料則較不穩定。

色料依其溶解度又可分為水溶性、油溶性、酒精可溶性和不溶於水或油等多種。

1. 水溶性色料多屬於酸性染料，如：D&C Red No.6、D&C Red No.33、FD&C Yellow No.6、D&C Yellow No.10、D&C Green No.5、D&C Green No.8、FD&C Blue No.1 等。

2. 油溶性色料如：D&C Violet No.2。

3. 酒精可溶性色料如：D&C Red No.9、D&C Red No.27 等。

4. 不溶於水或油的色料如：D&C Red No.7、D&C Red No.30、D&C Red No.34、D&C Red No.36、D&C Orange No.17 等。

選擇色料時需考慮所選色料的安全性、光安定性和耐酸鹼性，且不含鉛、銅等重金屬，尤其用在口紅中的色料很容易吃到體內，更需相當謹慎。

色料的用途（食品(Food)、藥物(Drug)、化妝品(Cosmetic)、使用部位（內服或外用）等），各國均有明文規定，不得亂用，我國的規定可參見行政院衛生福利部公布的相關法規。

1. 染料（Dyestuffs，煤渣色料）：

染料能溶於水、油或醇類溶劑中，在化妝品基劑中是以溶解狀態存在而賦予色彩的化學物質。可溶於水的稱水溶性染料，分子中含有磺酸鹽的親水基；可溶於油和醇的稱為油溶性染料。

法規上將煤渣色料分為「一般化妝品用」和「化妝品可用但禁止使用於皮膚黏膜」兩類。化學合成品的有機染料因其安全性日益受到重視，安全標準有日漸嚴格之趨勢。

有機染料在結構上是屬於帶有發色團的碳氫化合物，多由焦煤合成得到，也稱煤焦色素，通常具有長的共軛雙鍵，顏色由發色團的種類決定；化學結構上所含發色團越多、顏色會越深。有機顏料依化學結構可分成六類：

(1) 偶氮染料(Azo dyes, $Ar_1-N=N-Ar_2$)：

被允許使用的大部分色料屬於此類型的染料，含有偶氮基($-N=N-$)，屬於黃色～紅色色素。結構式中若含有磺酸鹽，為水溶性染料，價廉，用於化妝水、乳液、洗髮精等產品中；若不含磺酸鹽，則為油溶性染料。

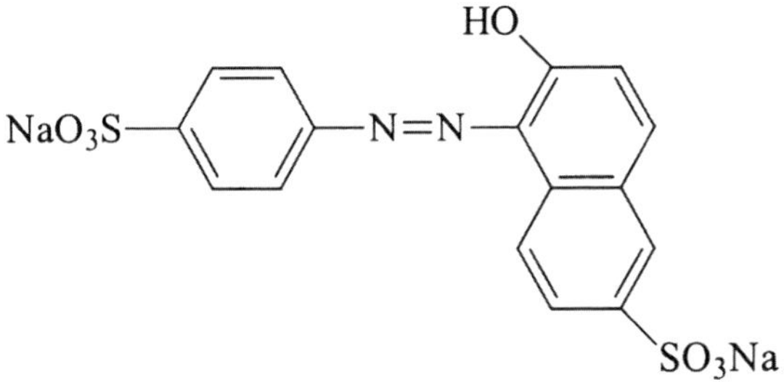

FD & C Yellow No.6

(2) 三苯基甲烷染料(Triphenylmethane dyes)：

　　在三苯基甲烷類的染料結構式中若含有兩個以上的磺酸鈉鹽，水溶性會很大。色調含綠、藍、紫等，屬於綠色～紫色色素。可分成雙胺基染料（孔雀綠系）、三胺基染料（紫紅色系）和氧化品紅(Fuchsone)染料（玫紅酸系）等三種；前兩種原為鹼性染料，導入磺酸基後則成為酸性染料；品紅是在羥基的鄰位有羧基的藍~紫色的酸性媒染料較多，比較堅牢。三苯基甲烷染料色相鮮麗、著色力大且廉價，多用在化妝水和洗髮精色相中，但耐光性差，使用時應注意到色料的穩定性。

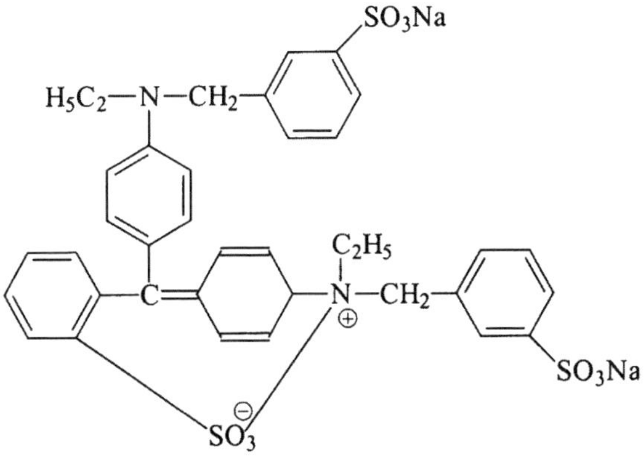

FD & C Blue No.1

(3) 喹啉染料(Quinoline dyes)：

　　屬於黃色系的酸性染料，這類型的法定色素只有水溶性的 D&C Yellow No.10 和油溶性的 D&C Yellow No.11 兩種。

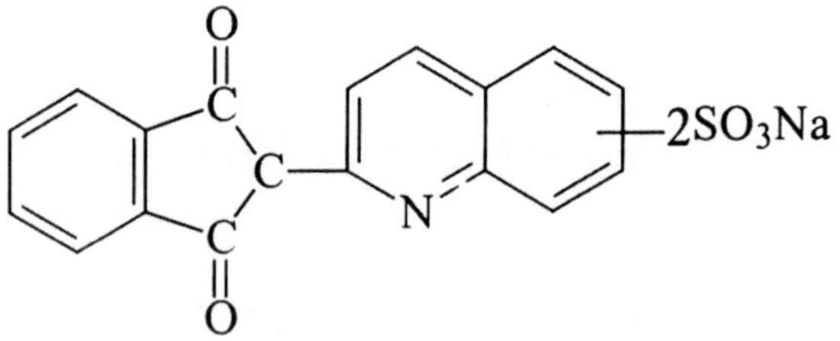

$$-2SO_3Na$$

D & C Yellow No.10

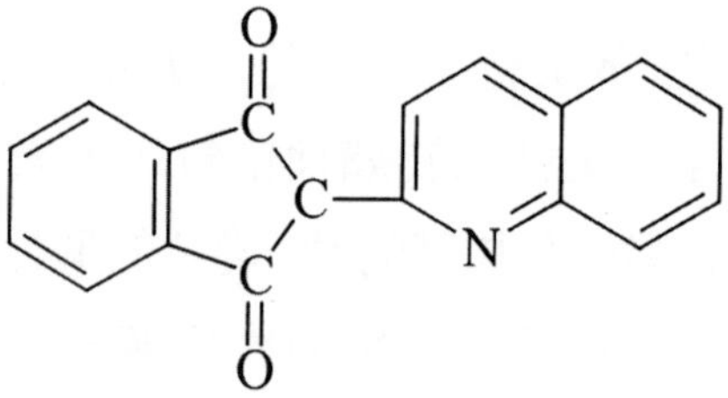

D & C Yellow No.11

(4) 二苯駢哌喃染料(Xanthene dyes)：

　　屬於橙色～紅色色素，顏色鮮明、彩度高，著色能力和耐光性也不錯，多為鹼性染料，少數是酸性染料，大多數會發出螢光。

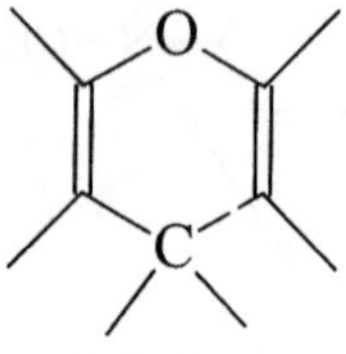

二苯駢哌喃環

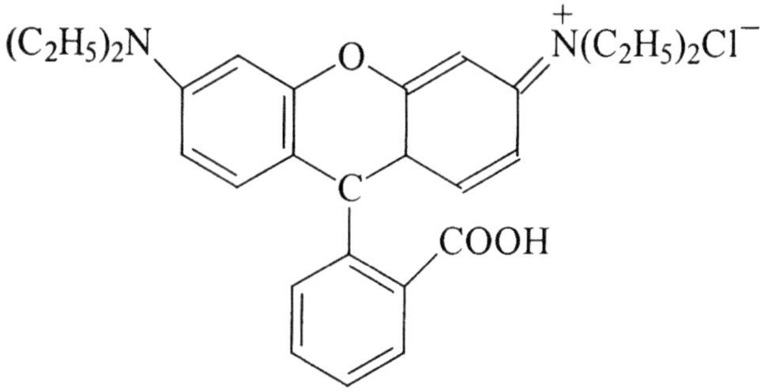

D & C Red No.19

(5) 蒽醌染料(Anthraquinone dyes)：

屬於綠色、紫色系的酸性染料，色調鮮明、堅牢度佳，尤其對陽光的堅牢度甚優為其最大特色。

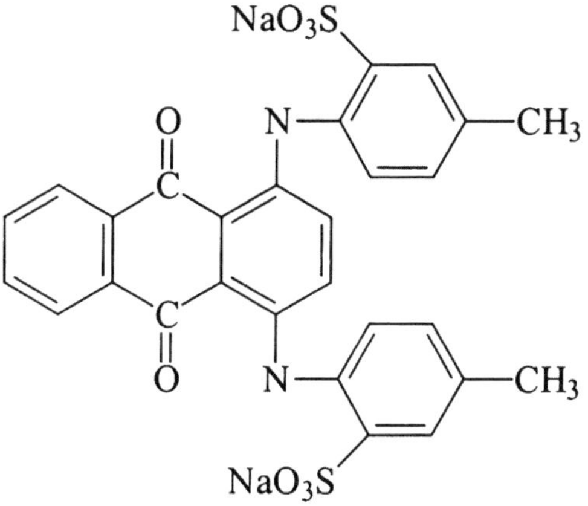

D & C Green No.5

(6) 靛藍染料(Indigoid dyes)：

以靛藍為主的天然植物性染料，屬於傳統的藍色色素，可分成靛類(X, X'=NH)，硫靛類(X, X'=S)和混合型(X=NH, X'=S)等三種，無論哪

一種都是甕染料，靛類和混合型以紫色、藍色至黑色為主，硫靛類則
以橙～紅色為主。有的被選為陰丹士林染料用，但其色耐度不一。

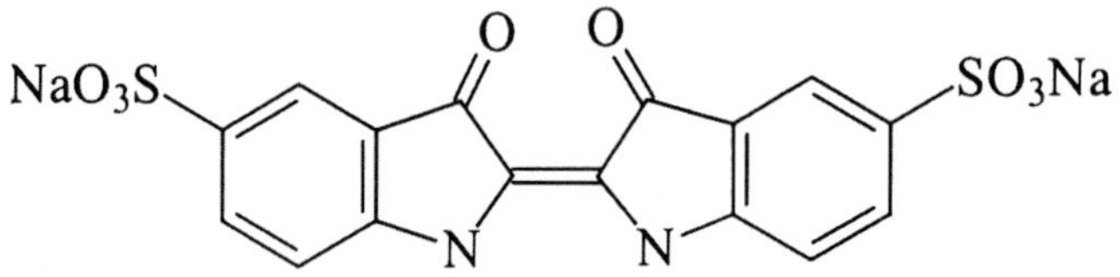

FD & C Blue No.2

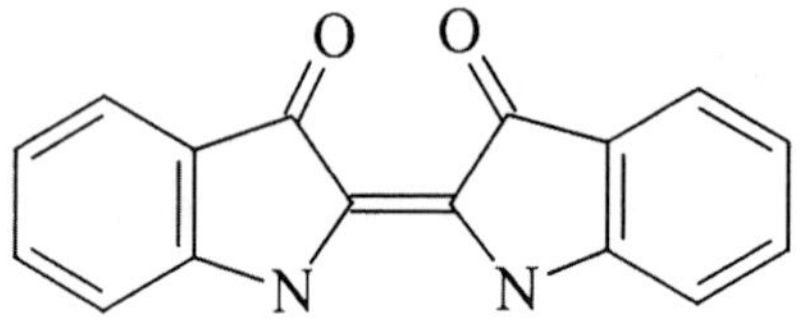

D & C Blue No.6

2. 顏料(Pigments)：

　　無機顏料染料可以是天然礦物或由人工合成，大部分是金屬氧化
物或金屬鹽類。和染料比較，無機顏料較不透明、對光、熱和溶劑較
安定，密度高，較易使用，但色彩有限。又因本身含有金屬離子，使
用時需考慮重金屬的含量是否符合安全標準。常見的無機顏料所顯現
的色澤如下：

(1) 白色：

　　二氧化鈦、氧化鋅、輕質碳酸鈣、重質碳酸鈣等。
　　① 二氧化鈦(TiO_2)由於粒徑小（相對密度：4.2<金紅石型；>3.9
　　　銳鈦礦型；都是白色細粉）、折射率高，所以具有好的白色度、
　　　遮蓋力和著色力等光學性質，且耐光性、耐熱性和耐藥性佳，
　　　是白色顏料之王。

超微粒型二氧化鈦有容積密度小（相對密度 2.6，淡白色細粉）、分散度高的優點，使用時會呈現出與用前兩種二氧化鈦當顏料不同的性質。由於粒徑在可見光波長的 1/10 左右(30～50nm)，因此著色力和遮蓋力較差，對已有的色調不太會產生影響，可以用來改善產品的特性，製成透明性佳且可防止紫外線的防曬產品。二氧化鈦是化妝品中不可或缺的白色顏料，且可反射 UVB 的光線。

② 氧化鋅(ZnO)的結晶屬於金紅石型(Rutile)，雖然沒有毒性，不溶於水和乙醇，但可溶於酸、鹼和氨水，可反射 UVA 的光線，粒徑約 500nm 左右，相對密度較二氧化鈦大，約 5.4～5.6，遮蓋力較小，耐光性、耐風化性和耐熱性佳，幾乎可以和所有顏料混合使用。

③ 輕質碳酸鈣($CaCO_3$)俗名白堊粉，又名沉澱碳酸鈣，無嗅無味，密度 2.71～2.91g/cm^3，白色極細輕質粉末。

④ 重質碳酸鈣($CaCO_3$)俗名稱（雙、三、四）飛粉，又名天然碳酸鈣，無嗅無味，密度 2.70～2.93g/cm^3，為白色重質粉末。

(2) 黑色：

碳黑(Carbon black, C)、黑色氧化鐵(Fe_3O_4)等。

① 碳黑是由天然氣（煤氣）經不完全燃燒所得，是無嗅、無味的黑色細粉，密度 1.7～2.1g/cm^3，粒徑約 9～17μm，近似石墨結晶的碳素，化學性質穩定，但在空氣中能燃燒升成二氧化碳。

②黑色氧化鐵學名四氧化三鐵，粒徑在 0.1μm 以下，密度 4.8g/cm^3，耐光、耐火、耐大氣性佳，著色力和遮蓋力強，與其他細微顏色配合會形成光的繞射作用，無滲水性和滲油性，耐鹼性佳、但不耐酸，遇高熱會被氧化生成紅色氧化鐵。

(3) 紅色（嬰朱）：

俗名鐵朱、代赭、鐵丹、印度紅等，學名三氧化二鐵(Fe_2O_3)，鮮紅色粉末，密度 5.24g/cm^3，不溶於水、油，吸油量約 20%，吸水性小，分散性佳，著色力、遮蓋力強，對紫外線有優良的不穿透性，在空氣和陽光中穩定，耐酸、耐鹼、耐熱性佳。若含有氧化亞鐵(FeO)會呈現紅中帶黑的豬肝色。

(4) 黃色：

含水三氧化二鐵($Fe_2O_3 \cdot H_2O$)，檸檬黃至褐色粉末，粉粒細膩，是晶體的氧化鐵水合物，密度 3.4~4.3g/cm^3，著色力、遮蓋力、耐光、耐酸、耐鹼、耐熱性佳，加熱至 150°C 以上會開始分解出結晶水，變成紅色。

(5) 青色：

群青(Ultramanine blue, $Na_6Al_4Si_6S_4O_{20}$)，又名雲青、洋藍、石頭青、佛青，藍色粉末，色澤鮮豔，不溶於水，是含有多硫化鈉、具特殊晶格的矽酸鋁，古代是將琉璃石(Lapis lazuli)粉碎精製得，1828 年法國的 Guiment 和德國的 Gmelin 同時以人工的方法製造成功後，便成了大量而廉價的顏料。特別具有消除和減低白色中含有黃色色光的功能，但著色力和遮蓋力較低，耐鹼、耐高溫但不耐酸，遇酸會分解變色，對光穩定，儲存時易結塊，耐腐蝕性較差。

(6) 綠色：

氧化鉻綠(Cr_2O_3)，學名三氧化二鉻，有金屬光澤的深綠色六方晶系結晶或無定型粉末，密度 $5.21g/cm^3$，不溶於水、酸，溶於熱的鹼金屬、溴酸鹽溶液，遮蓋力強，對光、大氣、高溫和腐蝕性氣體穩定，耐腐蝕，具優良的顏料品質和堅牢度。

(7) 紫色：鈷紫、錳紫等。

3. 珠光顏料(Pearl luster)：

主要是要賦予被著色物以珍珠光澤、彩虹色澤或金屬質感，而使用的具有特殊光學效果的顏料。

珠光顏料的歷史自 1656 年法國人 Jaczuin 發現淡水魚的魚鱗表面含有具珍珠色澤的鳥嘌呤(Guanine)微結晶開始。

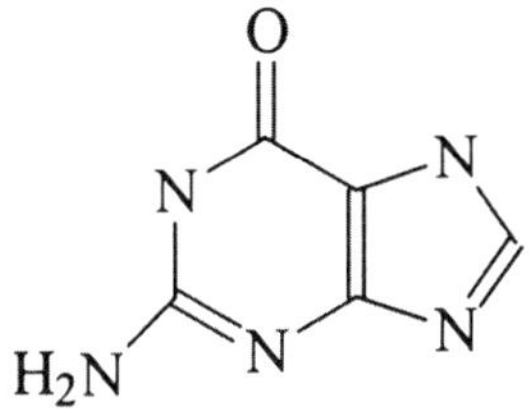

Guanine

工業上開始製造人造珍珠就是以魚鱗為原料，但因天然魚鱗片量少、價格昂貴，因此開始有合成珠光顏料。最初以同天然魚鱗一樣具珍珠光澤的甘汞、磷酸氫鉛、砷酸氫鉛和鹼性碳酸鉛等為原料，但這些原料中具有水銀和鉛，不能用在化妝品中，所以研發了氯氧化鉍(BiOCl)來替代，但穩定性較差。

　　1965 年杜邦(Dupont)公司開發出將二氧化鈦被覆在雲母上（或稱雲母鈦），利用被覆的厚度不同而產生出各種具珍珠色澤的顏料，是目前珠光顏料的主流。

　　珠光顏料的成色和前面所說的無機著色顏料不同，著色顏料是利用對光會產生吸收和散射現象的物質，而珠光顏料是因為被覆物中規則的、平行排列的薄片粒子對光反射，而引起反射光的干涉現象來呈現出珍珠光澤，由於被覆的二氧化鈦層的厚度不同，而引起干涉光波長的變化後，得到不同的珍珠光澤如表 4-5：

🖌 表 4-5　被覆不同厚度二氧化鈦膜可得到的珍珠色澤

	二氧化鈦膜厚(nm)	珍珠光澤
1	120	銀
2	180	金
3	330	紅
4	360	紫
5	390	青
6	440	綠

　　此外，市售珍珠光澤色料還有 EGMS（Ethylene glycol monostearate，二乙二醇硬脂酸酯）和 EGDS（Ethylene glycol distearate，乙二醇硬脂酸酯）兩種，雖然都屬於非離子型界面活性劑，但都具有珍珠光澤，可添加在產品中當珠光劑用。因結構上的 C_{18} 烷基（C_{16}、C_{14}、C_{12} 皆可）結晶後會呈現相互平行的排列，所以會產生珍珠光澤，其中 EGMS 的珍珠光澤的透明度會比 EGDS 低。

4. 螢光色素：

可分成有機螢光色料和無機螢光色料兩類。有機螢光色料在受到光線刺激時會發出螢光；無機螢光色料在受到光線刺激時可以儲存光線，然後再放出螢光，目前多使用在交通標誌、警告、安全帽等的製作上。

化妝品中使用的是有機螢光色料，會發出輕微藍色的白螢光，化學結構中通常含有四個共軛雙鍵；具有 -N=C-C=C-C=N-C=C- 或 -C=C-C=C-C=C-C=C- 的結構，如香豆素(Coumarin)、五雜環化合物、二苯乙烯衍生物等，都具有螢光效果，常加在化妝品中當作增白劑用。

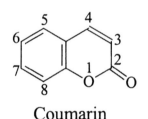

Coumarin

5. 天然色素：

是指來自動、植物和微生物的色素，是色素中最早被採用的一類，與合成色素比較，天然色素的安全性較高、藥理性較佳，著色力、耐光性、耐藥性較差，且原料來源較不穩定，因此實際上使用的不多。

若從化學結構式來分類：胡蘿蔔、西紅柿、紅花、蝦、蟹中主要存在的黃～橙色，是屬於類胡蘿蔔素(Carotenoid)，木槿、葡萄皮、紅花中的黃～紅～紫色，是屬於類黃酮(Flavonoid)，而從胭脂蟲中萃取出的胭脂蟲紅則是屬於蒽醌類(Anthraquinone)。

(1) β-胡蘿蔔素(β-Carotene)：

最早是從胡蘿蔔中萃取出；在很多動植物中都存在的黃色色素，目前可以利用從植物的綠色部位萃取法、發酵法或是由β-紫羅蘭酮(β-Ionone)經由化學合成得到。化學結構式中的順式(cis-)和反式(trans-)異構物，天然的胡蘿蔔素是反式的。β-胡蘿蔔素是最重要的維生素 A 的主要成分，在酸性條件下易被氧化分解，並容易受金屬離子的影響。

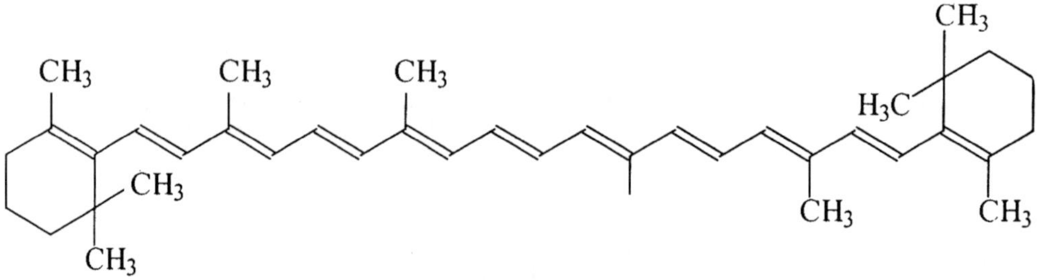

β-胡蘿蔔素：$C_{40}H_{56}$，熔點：183°C，λ_{max}482，450，425nm(Hexane)，可用於乳液、油膏等的著色，以及黃油、人造奶油、乳酪等食品的著色。

(2) 紅花素(Carthamin)：

是從紅花(*Carthamus tinctorius L.*)的花瓣中萃取出的色素。紅花是菊科一年生草本植物，著名的產地是印度、中國和日本的山形縣等地。以東洋紅命名，化學結構幾經發表後都被指出有誤，在 1982 年發表的結構式如下：

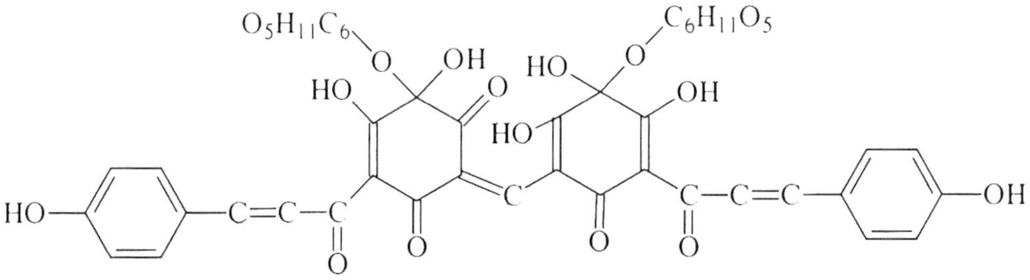

$$\text{Carathamin}$$

(Takahashi, N., Miyasaka, S., Tasaka, I., Miura, et al.:Tetrahedron Letters, 23, 5163, 1982)

　　紅花素的色調為深紅色，紅花色素(Carthamin)與異紅花色素（Isocarthamin，黃色物質）為異構物，在空氣中不安定、會互變，可用於口紅、胭脂和食品中。

(3) 胭脂蟲紅(Cochineal)：

　　是由寄生在仙人掌上的雌性胭脂蟲的乾燥粉末中得到的紅色色素，是西方自古以來口紅中重要的色素。主要是因為含有蒽醌類色素胭脂紅酸 $C_{22}H_{20}O_{13}$，色調會隨 pH 值而變，pH 值 5 以下是橙紅色、pH 值 5～6 是紅～紫色、pH 值 7 以上是紫紅～紫色，可溶於極少的乙醚，易溶於氨水，可做食品、藥物、化妝品和油墨的紅色色料。

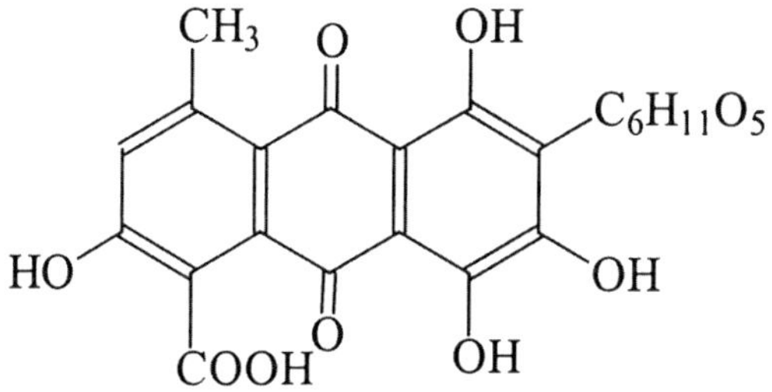

(4) 葉綠素(Chlorophyll)：

存在會行光合作用生物中的綠色色素，已知有 Chlorophyll A、Chlorophyll B 和 Chlorophyll C 三種葉綠素，B 是環 II 的側鏈不同，C 是環 IV 被去氫化、且環 II 的側鏈亦不同。高等植物和綠藻類所含的葉綠素 A：B=3：1，褐藻、矽藻類則含 A、B。光合作用細菌含有細菌葉綠素（Bacteriochlorophyll，紅色細菌中），和 Chlorobiumchlorophyll（綠色硫磺菌中），來代替葉綠素。亦可用在毛髮和牙齒製品中。

Chlorophyll A

其他天然色料還有得自花粉的沙黃色素(Safan)、得自木材的靛藍(Indigo)、薑黃素(Curcuma)，以及烏賊黑褐色素(Sepia)等。

6. 機能性顏料：

以基礎美容為主的美容化妝品，如果僅採用現有的顏料，無論如何改善其使用性也無法提高化妝品的性能，因此近年來業界正努力研發新的機能性顏料，如：

(1) 一氮化硼(Boron nitrite)：

二氧化鈦的遮蓋力佳但延展性較差；滑石粉的延展性雖然較好但遮蓋力差，而屬於六方晶體的一氮化硼(Hexagonal boron nitrite, h-BN)的遮蓋力是滑石和雲母的 3～4 倍，是二氧化鈦的 1/3 倍，且柔滑度和光澤性比其他廣泛使用在化妝品中的顏料佳，是兼具柔滑度、光澤性和遮蓋力的顏料。

(2) 合成氟金雲母（合成雲母，Synthetic mica）：

因天然礦物含有雜質，白皙度和透明感較差，目前已研發出與天然黏土礦物雲母的物性和結構類似的合成雲母。

合成氟金雲母的結構 $(KMg_3(AlSi_3O_{10})F_2)$ 是將天然雲母結晶 $(KMg_3(AlSi_3O_{10})(OH)_2)$ 結構中的(OH)用(F)置換。會因合成時的條件改變，而得到不同物性的產品，是具有潤滑性、光澤性、雪白、觸感和透明感佳的顏料。

(3) 光致變色顏料(Photochromic pigment)：

長久以來，在室內化好的妝，在室外的強光下看起來卻會顯得有發白的感覺，稱為浮白現象。

目前已研發出一種新型二氧化鈦系顏料，將少量的金屬化合物和二氧化鈦形成錯合物(Complex)，使其在光的照射下、不但顏色可以隨光線的強弱而產生可逆變化，本身的明亮度也會相對應的產生變化。將這樣的光致變色顏料加到基礎美容化妝品中，完妝後，不但在室外不會產生浮白的現象，且可隨所在環境的光線強弱調節出適當的色彩和明亮度。

(4) 複合化微細粉體(Inorganic pigment coated spherical organic powder, Hybrid fine powder, HFP)，或稱改質粉體(Modificatory powder)：

一般球狀粉體塗布在皮膚上時非常滑溜，而不規則顆粒狀的二氧化鈦（粒徑約 300nm）雖然遮蓋力佳，但滑動性差，若將二者截長補短進行複合處理，就可以得到複合化微細粉體(HFP)。

近年來化妝品中應用 HFP 的情形漸增，如將二氧化鈦和平均粒徑約 5～7μm 的球狀尼龍(Nylon)粉體用乾式球磨機處理後，二氧化鈦可以很均勻的附著在球狀尼龍粉體上，這樣 HFP 的潤滑性以及遮蓋力都很好。

(5) 保溫顏料(Moisturizing pigment)：

在顏料表面被覆一層含有羧基的高分子材料，如：羧甲基纖維素(Carboxyl methyl cellulose)、聚丙烯酸(Polyacrylic acid)、和聚麩胺酸(Polyglutamic acid)等，使顏料具有保濕的性質。

截至目前為止，化妝品具備了美化皮膚、保護皮膚免受紫外線的傷害、以及使微小皺紋不易看出等功能，若在使用原料上加入功能性顏料，將會產生與保護皮膚相互協調的功效，使皮膚看起來會更年輕化。

九 抗菌劑(Antimicrobial agent)

因化妝產品中的主成分多是油、水，也是微生物生長時所需的營養來源，如甘油和山梨醇是碳源、胺基酸衍生物和蛋白質是氮源等；

因此和同種類成分的食品一樣，很容易會受到真菌、細菌等微生物的侵入，又因化妝品使用和儲存的時間較長，且多儲存於室溫下，容易受到光、熱，以及頻頻開罐（瓶）使用而變得不安定，甚至滋生黴菌導致腐敗變質；此外，通過手指帶來的污染微生物也會使產品腐敗，所以為了要使化妝品從出廠到使用完畢都能維持一定的品質，在化妝品中添加防腐劑就顯得非常必要。

　　一般將工廠製造產品的過程中，所造成的微生物污染稱為一次污染(Primary contamination)，多是由於製造用水帶來的細菌（革蘭氏陰性桿菌）、原料、製程和包裝的不適當等。由消費者在使用過程中，所造成的微生物污染稱為二次污染(Secondary contamination)，多是指由環境帶來的細菌(革蘭氏陽性球菌(Gram positive cocci)和革蘭氏陽性桿菌(Gram positive rods))。

　　日本的製藥界在 1980 年 9 月發布了關於實施優良藥品製造標準(Good Manufacturing Practiices, GMP)，針對一次污染的菌數和菌類做出了規定，1972 年 6 月日本化妝品工業聯合會主動規定了眼線製品的微生物標準和試驗法，要求最終產品的一般活菌數要在 1000 個以下／g，不准有病源性細菌，1981 年 1 月又規定眼線以外的化妝品和準藥品也要達到上述標準。

　　美國美容保養和香水工業組織(Cosmetic, toiletry and fragrance association)也規定了嬰兒和眼眉用化妝品一般活菌數不可越過 500 個／g，其他化妝品不可越過 1000 個／g，不准有病源性細菌。

　　我國則是在 1982 年 5 月 26 日由經濟部、行政院農業委員會及衛生署（現已改為衛生福利部），會同發布實施優良藥品 GMP 制度，並於 1988 年 12 月 31 日完成實施。唯國際間對 GMP 之要求水準多與日

俱進，先進國家已提升至 cGMP，即「現行優良藥品製造標準(current Good Manufacturing Practices)」，將藥品製造設備、製程及分析方法等之確實效果納入其規定中。衛生福利部近年來積極參加國際事務，尋求國際合作，爭取加入國際藥稽查公約組織(PIC/S)及建立國際間 GMP 相互認證，並為配合行政院「加強生物技術產業推動方案」，推動藥品實施 cGMP 確效作業，不但可以提升藥品品質，更可增加國際競爭能力。

「確效」是一種品質確保的工具，用來保證能持續穩定的製造出符合既定規格及品質的藥品，包括製造過程中的支援系統（設施、設備、空調、供水系統）、分析方法及製程確效，各藥品的關鍵性製成及分析確效作業至 2002 年 6 月 30 日止完成實施，藥品全面確效作業於 2004 年 6 月 30 日止完成實施。

日本厚生省規定在製品中不許被檢驗出的病源菌有：凝固酶、陽性的金黃色葡萄球菌、大腸桿菌和綠膿桿菌。產品製造者唯有在平日嚴格執行 GMP 的管理才能夠有效的避免一次污染。

對於二次污染目前都是參照美國藥典第 19 條中記載的方法實施。

日常生活中由於微生物在化妝品中發生污染性繁殖的以細菌為主，還包括真菌和酵母菌。

綜合前述，在化妝品中必須添加抗菌劑的原因有：

1. 改善經由製造程序而來的一次污染，以及經由使用程序而來的二次污染。

2. 改善因使用方法及儲存條件不當所導致的污染。化妝品因使用及儲存時間長，且多存放在室溫下，如表 4-6；此溫度範圍最適合微生物

生長；又因產品易受光線、熱和頻頻開瓶使用，而導致微生物滋生，使產品腐敗、變質，因此有必要加入適量的抗菌劑來增加產品使用時的安全性。

表 4-6　會污染化妝品的微生物的一般性質

	細菌(Bacteria)	真菌(Fungi)	酵母菌(Yeasts)
生長溫度(°C)	25~37	20~30	25~30
喜好的營養源	蛋白質、胺基酸、動物性食品	澱粉質、植物性食品	糖類、植物性食品
生長環境	弱酸～弱鹼	酸性	酸性
厭（或好）氧性	通常是好氧性菌但也有些是厭氧性菌	好氧性	好氧性～厭氧性
主要代謝產物	胺、氨、酸類、二氧化碳	酸類	酸類、醇、二氧化碳
代表的污染菌	枯草菌、大腸桿菌、綠膿菌、金黃色葡萄球菌	青黴屬、根黴屬、麴黴屬	酒酵母、念球菌病菌

3. 改善乳化製品和含水比例高的製品容易滋生微生物的污染。大部分的化妝品；尤其是油、水乳化型製品（水中油滴型(O/W)尤甚），以及含水比例高的製品（如化妝水），都很容易被微生物污染，因此為了讓化妝產品從出廠到使用完畢期間都能夠維持一定的品質，在產品中添加適量的抗菌劑是必須的。

　　此外，有部分化妝產品是可以不必添加防腐劑也不易變質的，如：

1. 含高酒精成分的化妝品（酒精含量在 20%以上，如香水）。

2. 不含水分的化妝品，如脣膏。

3. 含高濃度活性成分的化妝品。

抗菌劑依使用目的可分成防腐劑和殺菌劑兩類。

1. 防腐劑(Preservative)：

在化妝品中添加防腐劑的目的是為了要抑制外來的污染微生物在產品中繁殖（或稱抑菌作用(Microbiostasis)），甚至隨時間延長，或可讓微生物致死，以防止產品變質。另一個可能的作用是對使用者皮膚上的微生物具有消毒、滅菌的功用。

防腐劑和殺菌劑本質上並沒有很大的差異，通常在使用濃度低時具有靜菌作用，使用濃度高時具有殺菌作用。

2. 殺菌劑(Disinfectant, Germicid)：

在化妝品中添加殺菌劑的目的是：當我們將產品塗在皮膚上時，產品中的殺菌劑能將皮膚表面消毒，並保持皮膚的清潔。一般要求殺菌劑能在短時間內將細菌殺死或減少。實際使用上包含：配合抑制皮膚上常存在的粉刺菌繁殖的殺菌劑的抗粉刺產品、抑制狐臭的除臭製品、抑制會產生頭皮屑的酵母（糖疹癬菌）的抗頭皮屑產品等。在使用時需考慮加入的殺菌劑是否會和產品發生反應、是否會和皮膚蛋白發生反應、在產品中的溶解度……等問題。另外由於設備污染菌多屬於革蘭氏陰性菌，因此，製造設備也可以用殺菌劑消毒以防止一次污染。

選用抗菌劑（防腐、殺菌劑）時應考慮：

(1) 選用的抗菌劑需對多種微生物都有抑制或殺菌功效。

(2) 用量少、功效大。

(3) 在廣泛的溫度和 pH 質範圍中都能穩定且效果佳。

(4) 與化妝品的原料和產品的溶解度好、相容性佳，遇光和熱時，性質要穩定。

(5) 在有效濃度範圍下對皮膚需無毒、無刺激性、無光毒性和感光性。

(6) 添加後不會影響產品的外觀（如變色）。

(7) 儘量使用天然防腐劑。

(8) 容易採購、貨源穩定、價格低廉、經濟划算。

事實上很少有抗菌劑能夠完全符合上述原則，使用上通常會選擇兩種或兩種以上的抗菌劑相互搭配、截長補短，且具有降低單一成分濃度的優點。

化妝品中常用的防腐抗菌劑有：

（一）Paraben ester 類

2017 年 2 月 15 日食品藥物管理署公告修正「化粧品中防腐劑成分使用及限量規定基準表」，將過去廣泛使用於化妝品的防腐劑對羥基苯甲酸酯(Paraben)，細分 16 種類別，非立即沖洗的產品，不得使用於 3 歲以下的孩童尿布部位，新規定總計新增至 69 項防腐劑，2018 年 4 月 1 日起，業者不得再生產，不符合新規定的產品，否則依法開罰，但先前生產的產品則可以販售到過期為止。

業界爭議多時的防腐劑 MCI／MI 新規定，所有化妝品中使用 MCI／MI，不得超過總量的 0.0015%，且必須使用在可以立即洗掉的化妝品中，如洗髮精、洗面乳等，若是不需要清洗的乳液則不得添加。

其餘詳細規定內容，請參照附錄 6「防腐劑基準和禁用成分」中的「化妝品中防腐劑成分使用及限量規定基準表」。

1. **M.P.（Methyl Paraben, Methyl *p*-hydroxybenzoate，對羥基苯甲酸甲酯）：**

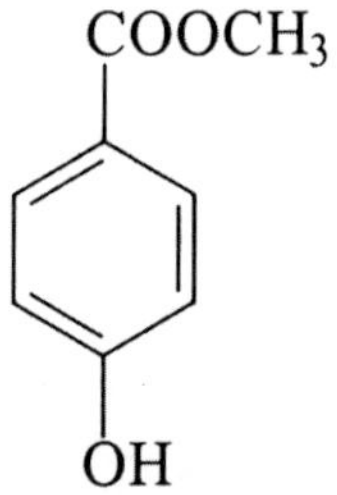

$$COOCH_3$$

OH

　　無色或白色結晶性粉末，稍具澀味，熔點：125~128°C，常用為水相中的防腐劑，使用限量：1%以下，常與P.P.混合使用，具有良好的加成性和協同性，其活性與產品的pH值有關，pH值=7 時，活性會降為原有活性的 2/3，pH值=8.5 時，活性會降為原有活性的 1/2，會被一些高分子化合物如甲基纖維素、明膠、蛋白質等物質束縛，而失去防腐活性。

2. **E.P.（Ethyl paraben, Ethyl *p*-hydroxybenzoate，對羥基苯甲酸乙酯）：**

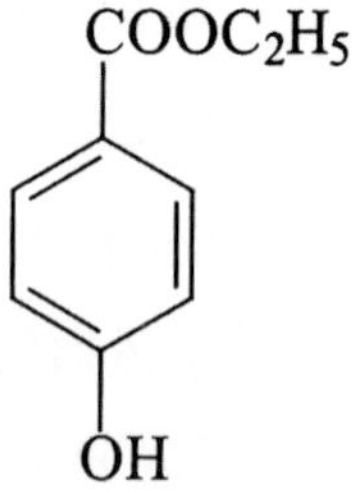

$$COOC_2H_5$$

OH

　　為無色或白色結晶性粉末，稍具澀味，熔點：116～118°C，使用限量：1%以下，對光和熱穩定。

3. **P.P.（Propyl paraben, Propyl *p*-hydroxybenzoate，對羥基苯甲酸丙酯）：**

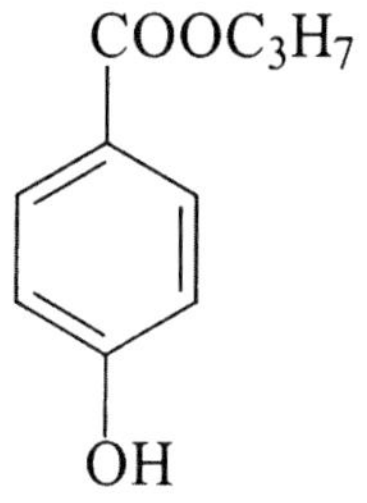

$$COOC_3H_7$$

OH

　　為無色或白色結晶性粉末，稍具澀味，熔點：95～98°C，使用限量：1%以下，具有良好的加成性和協同性。

4. **B.P.（Butyl paraben, Butyl *p*-hydroxybenzoate，對羥基苯甲酸丁酯）：**

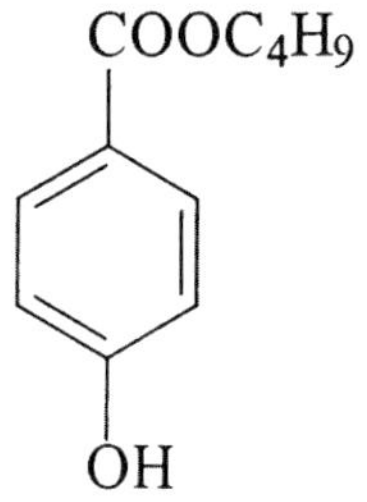

$$COOC_4H_9$$

OH

　　為白色結晶性粉末，微有特殊氣味，熔點：68～69°C，使用限量：1%以下，常與 P.P.混合使用，具有良好的加成性和協同性。

　　Paraben Ester 類是針對真菌類和革蘭氏陽性菌最常用的防止發霉的防腐劑，對假單孢菌僅具弱效。

　　由於分子結構上具有酚基，因此具有光解安定作用。

　　水溶性以 M.P.、油溶性以 B.P.最佳，因此，M.P.適用於水相；而 B.P.及 P.P.則適用於油相之防腐，作為油、水混合之乳化產品時則可混用。

　　在使用範圍內對皮膚無毒且不具刺激性：LD_{50}:8g/Kg(M.P.、E.P.、P.P.); 5g/Kg(B.P.)。

　　此系列防腐劑遇非離子型介面活性劑會失去活性，因此使用時不可與非離子型界面活性劑和蛋白質共用。又因會與尼龍(Nylon)產生反應，所以不可使用尼龍材質的容器裝填。

（二）醛類及其衍生物(Aldehydes & Derivatives)

1. lmidazolidinyl urea（Unicide U-13，咪唑烷基脲）：

　　為無色或白色粉末，極易溶於水，易潮解，常與 Parabens 混合使用，在使用範圍內對皮膚無毒性、無過敏及刺激性，化性穩定，有廣效的抗菌能力，尤其對微生物特別有效，使用限量：0.6%以下（常用：0.2~0.3%），與 P.P.混合使用可提高防腐性能，與 2,4-Dichlorobenzoyl alcohol、DMDM Hydantoin 混合使用時制菌效果更佳。用於化妝品中的 pH 值範圍約 3～9。安定性佳，可與所有化妝品成分；包括蛋白質、水解膠原蛋白、蘆薈等萃取成分共用。

※ 衛生福利部規定使用量 0.6%以下，且化妝品中若使用此成分當防腐劑時，總釋出之 Free formaldehyde 的量不得超過 1,000ppm。

2. DMDM Hydantoin(1, 3-Dimethylol-5, 5-Dimethyl Hydantoin)：

是廣效的、水溶性防腐劑，對革蘭氏陽性及陰性菌、黴菌及酵母菌有良好的抑制作用，無色液體，10%水溶液之 pH 值=6.0，可與多種原料相容，酸鹼度使用範圍廣，約 pH 值 3～9，於 80°C 時安定性仍佳，適用於皮膚製品，有效劑量約 0.15～0.4%，LD_{50}：3.8g/Kg，無光毒性、刺激性。

※ 衛生福利部規定使用限量 0.6%以下，且化妝品中若使用此成分當防腐劑時，總釋出之甲醛(Free Formaldehyde)的量不得超過 1,000ppm。

3. Diazolidinyl urea：

極易溶於水，酸鹼度使用範圍廣，約 pH 值 3～9，安定性佳，可與各種化妝品成分相容，屬於廣效型防腐劑，特別是針對革蘭氏陰性菌，LD50：2,570mg/Kg（口服、兔子），對眼黏膜不具刺激性，有效劑量介於 0.03～0.3%。

（三）第四級銨鹽化合物(Quaternium compound)

1. Quaternium-15：

極易溶於水(127g/100g)，酸鹼度使用範圍廣，約 pH 值 4～10，高於 60°C 時可能會不安定，可與各種形態的界面活性劑及蛋白質合用，

可以對抗革蘭氏陰性菌（綠膿桿菌）及陽性菌、黴菌、酵母菌，有效劑量介於 0.02～0.3%。

※ 衛生福利部規定使用限量 0.2%以下，且化妝品中若使用此成分當防腐劑時，總釋出之 Free Formaldehyde 的量不得超過 1,000ppm。

2. Benzalkonium：

極易溶於水和酒精，酸鹼度使用範圍廣，約 pH 值 4～10，不可與陰離子型界面活性劑及水溶性蛋白質合用，主要可以對抗革蘭氏陰性菌及陽性菌，長期使用可能會導致緩慢性過敏現象，有效劑量介於 0.1～0.3%。

3. Benzethonium chloride：

可溶於水、乙二醇，酸鹼度使用範圍廣，約 pH4～10，於熔點(160°C)以下時安定，但遇硬水、鹽類會降低制菌效果，與陰離子型界面活性劑共用會產生沉澱，有染料、螯合劑存在時會抑制其作用。可以對抗革蘭氏陽性菌、細菌、微生物、藻類，有效劑量 1,000ppm，於護膚產品中添加 0.5%以下仍屬安全。

（四）有機化合物(Organic compound)

1. Benzoic acid：

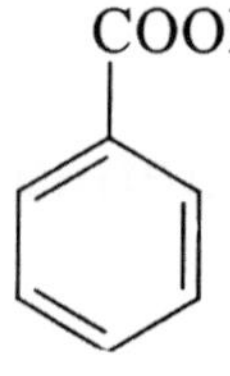

屬於有機酸類防腐劑，對水的溶解度低於 1%，不可存放於高溫下，酸鹼度使用範圍廣，約 pH 值 4.5 以下，pH 值升高會降低抑菌能

力，對黴菌、酵母菌的抑制作用佳，但對微生物的抑制作用差，有效劑量於 0.05～0.1%，濃度越高，抗菌防腐能力越強，但用量過多對皮膚會產生刺激性。

※ 衛生福利部規定使用限量 0.2%。

2. Dehydroacetic acid（脫水醋酸）：

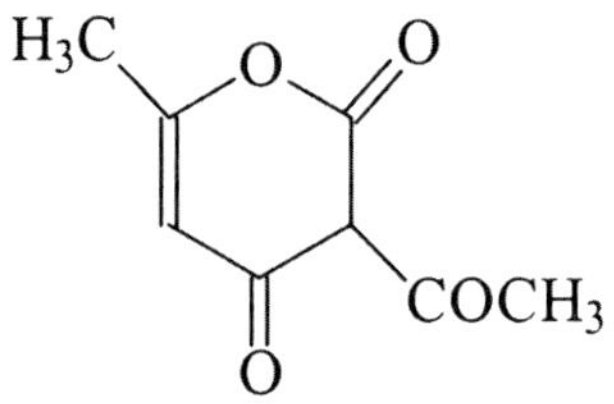

　白色晶體，熔點：109~111°C(Sub.)，鈉鹽微溶於水，高 pH 值下活性會下降，酸鹼度使用範圍約 pH 值 5～6.5，是用於油相的防腐劑，對微生物、細菌和酵母菌的抑菌作用佳，有效劑量介於 0.02～0.2%。

3. Potassium sorbate（山梨酸鉀，己二烯酸鉀）：

CH3-CH=CH-CH=CH-COOK

　屬於有機酸類防腐劑，對水的溶解度佳，越過 38°C 會變得不穩定、怕光，不可與非離子型界面活性劑共用，酸鹼度使用範圍 pH 值 6.5 以下，使用時需注意：1%Potassium sorbate 水溶液的 pH 值約 7～8，加入化妝品中有提高化妝產品的 pH 值的傾向。主要是酵母菌和藻類的抑制，有效劑量 0.025～0.2%。

※ 衛生福利部規定使用限量 0.5%。

4. Sorbic acid（山梨酸，花楸酸）：

$$CH3-CH=CH-CH=CH-COOH$$

　　屬於有機酸類防腐劑，微溶於水、可溶於多數有機溶劑，酸鹼度使用範圍 pH 值 2.5～6，主要是酵母菌和藻類的抑制，超過 pH 值 6.2 活性會降低，有效劑量 0.1～0.3%。

※ 衛生福利部規定使用限量 0.5%。

5. Citric acid（檸檬酸）：

$$
\begin{array}{c}
COOH \\
|\\
CH_2 \\
|\\
HO-C-COOH \\
|\\
CH_2 \\
|\\
COOH
\end{array}
$$

　　俗名枸櫞酸，屬於有機酸類防腐劑，具多種功用；如：防腐、調節味覺、調節 pH 值、消除皮膚緊繃、作為香料的輔助劑、減痛提神等功能，很少單獨作為抗菌劑。無色透明斜方形晶體或白色顆粒，在化妝品中的添加量通常在 2.5%左右。

（五）醇類(Alcohol)

1. Propylene glycol（1, 3-Propanediol, PG，丙二醇）：

$$HO-C-C-C-OH$$

可與水互相混合，高溫時會氧化，對細菌、微生物有抑制作用，有效劑量16%或更高，常作為藥物的防腐劑，在化妝品中當作防腐增強劑。

2. Benzyl alcohol（苯甲醇，苄醇）：

$$CH_2OH$$

可溶於水(1g/25g)，低 pH 值下會緩慢解離成苯甲醛，與非離子型界面活性劑共用會降低其抑菌效果。酸鹼度使用範圍約 pH 值 5 以上，LD_{50}: 1.94g/Kg（兔子），主要用於抑制微生物，有效劑量介於 1.0～3.0%。

此外，目前十分熱門、用在洗碗精、洗潔產品，甚至含抗痘成分洗臉製品中的廣效且耐久型的殺菌成分-Triclosan(Irgasan DP-300, TCS, 2,4,4′-Trichor-2′-hydr-oxy-diphenyl ether)：或稱三氯沙，是化學合成的抗菌劑，和其他化妝品原料的相容性佳，在產品中允許使用最高濃度為 0.3%，在抗痘產品中的有效劑量為 0.1%，典型的代表商品是菲蘇德美抗痘洗面乳。在合成 TCS 的過程中會產生危害環境、含有致癌物質戴奧辛(Dioxin)以及呋喃(Furan)等的副產物。

Triclosan

Dioxin

現今隨著環保意識抬頭，化妝品中所使用的防腐、抗菌劑也開始利用天然植物的萃取液或精油來取代合成的防腐、抗菌劑。

表 4-7　一些已知具防腐、抗菌作用的天然植物萃取液

	防腐作用	抗菌作用
1	安息香樹萃取液 (Benjamin(Benzoin)Extract)	香蜂草萃取液 (Balm Mint Extract)
2	薰衣草萃取液 (Lavender Extract)	佛手柑萃取液 (Bergamot Extrate)
3	迷迭香萃取液 (Rosemary Extract)	鼠尾草萃取液 (Sage Extract)
4	百里香萃取液 (Thyme Extract)	洋甘菊萃取液 (Camomile Extract)
5	金雞鈉樹萃取液 (Cinchona Extract)	指甲花萃取液 (Henna Extract)
6	山金車萃取液 (Arnica Extract)	牛蒡萃取液 (Burdock Extract)

十 抗氧化劑(Antioxidant)

如前述，化妝品的原料包括了油、脂、蠟、香料……，種類相當繁多、複雜，其中一些原料的化學結構式中含有不飽和鍵，這些原料在空氣中極易氧化變質，不但原料本身會酸敗，氧化後可能產生的自由基等物質會刺激皮膚，甚至引起接觸性皮膚炎，因此，在以油、脂、蠟等原料為基劑的化妝品中，抗氧化劑就成了不可或缺的原料。化妝品中加入抗氧化劑的目的除了可以延緩油脂的氧化外，目前更積極的期望其可以擔負起抗脂質過氧化的功能。

根據美國食品藥物管理局（U.S. Food and Drug Administration, FDA）的定義：抗氧化劑是指作為延遲因氧化所引起的劣變、酸敗或變色的物質。就是可以避免氧自由基產生的物質。

（一）化妝品中添加抗氧化劑的原因

1. 從化妝品成分的氧化作用考量：

為確保化妝品不會因為空氣和光線的接觸而氧化酸敗，因此加入抗氧化劑。

如：在油脂中加入少量抗氧化劑可以大幅提升油脂的抗氧化能力，以確保油脂的新鮮度及其功效，尤其是針對乾性油。在美白產品中加入抗氧化劑可以確保美白成分不會因為接觸空氣而氧化、失去功能。

2. 從人體皮脂產生的過程考量：

皮脂代謝過程中所產生的過氧化自由基，會因為與髒空氣接觸或紫外線的照射而更加惡化，對皮膚的健康會造成傷害。

若能在化妝品中加入可同時捕捉過氧化自由基的抗氧化劑，不但可以防止化妝品本身氧化變質，還可同時降低自由基對皮膚的傷害。如：在防曬產品中加入維他命 E 當抗氧化劑，就可同時捕捉因紫外線照射所導致的脂質過氧化所產生的自由基。

（二）化妝品中常用的抗氧化劑

1. 只為防止產品氧化用的抗氧化劑：

(1) BHA（Butyl hydroxy anisol，丁基羥基茴香醚，丁基大茴香醚）：

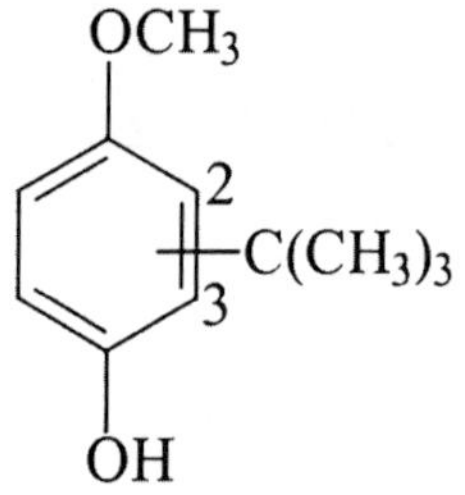

$$\text{OCH}_3$$

$$\overset{2}{\underset{3}{\bigcirc}}\text{C(CH}_3)_3$$

$$\text{OH}$$

已於 1983 年開始禁用於食品中，是化妝品中主要的抗氧化劑之一，在有效濃度範圍內沒有毒性，常用在油脂比例偏高的化妝產品，如：口紅、髮油、卸妝油等產品中，有時候也會加入乳化產品中作為防腐劑的活性增強劑。與沒食子酸丙酯、檸檬酸、磷酸等有很好的協同效果。

(2) BHT（Dibutyl hydroxy toluene, 2,6-di-teributyl *p*-cresol，2,6-二-第三丁基-對-甲酚）：

$$\text{(CH}_3)_3\text{C} \quad \underset{\text{CH}_3}{\overset{\text{OH}}{\bigodot}} \quad \text{C(CH}_3)_3$$

　　是化妝品中主要的抗氧化劑之一，對動、植物油脂的抗氧化作用佳，用於魚肝油、奶油、菜油等中，可延長儲存期，防止酸敗變質，抗氧化能力與 BHA 相等，但在高濃度和高溫的情況下不會產生如同 BHA 的酚類臭味，多與 BHA 共用，並添加檸檬酸或其他有機酸為增強劑，最常用於口紅。

(3) PG （Propyl gallate, 3,4,5-Trihydroxy benzoic acid propyl ester，沒食子酸丙酯）：

$$\underset{\text{HO}}{\overset{\text{HO}}{\bigodot}} \underset{}{\overset{\text{O}}{\underset{}{\text{C}}}} -\text{O}-\text{CH}_2\text{CH}_2\text{CH}_3$$

　　白色至淡褐色結晶性粉末，或乳白色針晶，熔點：146~150°C，添加限量 0.01%，是化妝品中主要的抗氧化劑之一，與 BHT、BHA 併用有良好的增效作用；與有螯合作用的檸檬酸或酒石酸等併用，不僅有增效作用，且可以防止由金屬離子引起的呈色作用，單獨使用時應避免鐵、銅等容器。

(4) NDGA(Nordihydroguaiaretic acid, U.S. pat. 2, 644, 822)：

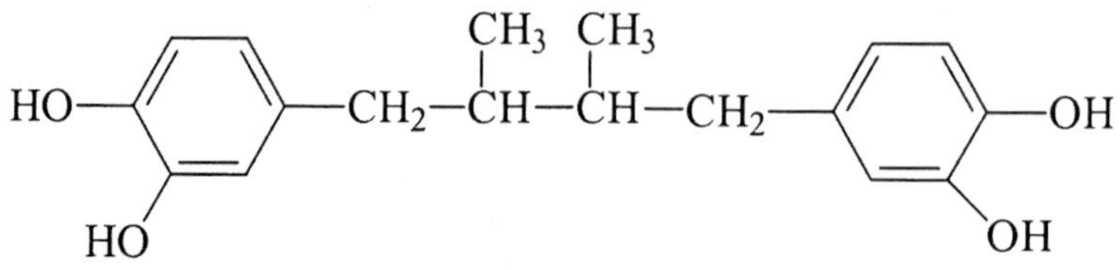

主要應用於油溶性維生素之抗氧化。

(5) Vitamin C（L-ascorbic acid，維生素 C，L-抗壞血酸）：

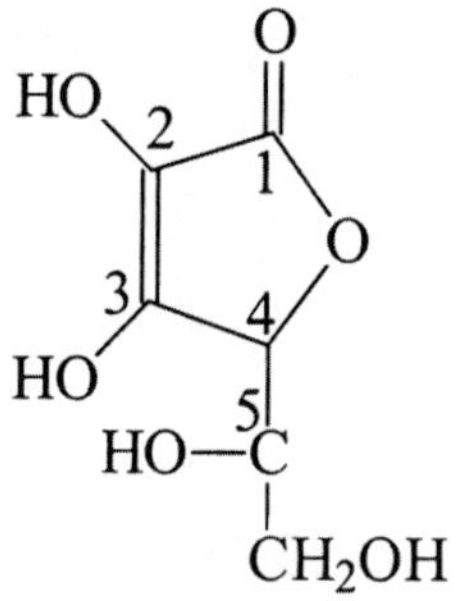

　　D-form 不具效力，在動植物的成長、代謝旺盛的部位會含有大量的維生素 C，香菇、辣椒、柑橘、綠茶等植物中都有。白色板狀或針晶，熔點：190~192°C，遇光會緩慢變色，不耐熱，還原力強，在生物化學上的機能尚未十分明瞭，被認為與活體內的氧化還原作用有關，並有助於氫傳達酵素作用，和骨膠原的生成、蛋白質代謝、貧血、血液凝固、糖質和脂質代謝、內分泌機能等都有關係，是天然的抗氧化劑，但本身不安定，須與維生素 E 共用。

(6) Vitamin E（Tocopherol，維生素 E，生育酚）：

α - Tocopherol

　　為天然抗氧化劑，屬於脂溶性維生素，廣泛存在綠色植物中，以小麥胚芽油中含量最高，天然存在的有 α，β，γ，δ，ε，ζ 以及 η 等七種維生素 E，為黃色或黃色透明黏稠狀液體，其中以 α 型的效率最大，γ 型作為化妝品抗氧化劑的效果最好，對熱和鹼穩定，在空氣中氧化很慢，但在鐵鹽、銀鹽存在下會很快氧化，受紫外線照射會失去作用。維生素 E 的生理作用主要是藉其抗氧化能力來防止細胞因過度氧化而受損，在體內有強力的抗氧化能力，能幫助維生素 A 或胡蘿蔔素(Carotene)或必需脂肪酸的吸收、利用，在粒腺體(Mitochondria)和微粒體(Microsome)等生物膜酶中也會對其作用或加以保護，在細胞的機能與代謝中扮演重要的角色。主要作為油脂的氧化安定劑及維生素 A、D、F 的保存劑，與 BHT、BHA 相比，維生素 E 對皮膚的刺激性和過敏性最低，抗氧化能力較強，添加在化妝品中除了抗氧化功能外，對人體皮膚的細胞也具有抗氧化和抗老化的功能，是目前化妝品中最喜愛添加的天然抗氧化劑。

2. 還可防止皮膚產生自由基所用的抗氧化劑：

此類抗氧化劑目前已歸類為機能性（即活性或活性抗老化）成分，可以分成酵素（酶）型和非酵素型。

◎ 酵素型包括：

(1) 超氧化物歧化酶(Superoxide dimutase, SOD)：是一種分佈甚廣的酶，能破壞超氧物游離基($O_2^{\cdot -}$)，生成過氧化氫和氧分子。

(2) 過氧化氫分解酶(Catalase)。

(3) 穀（谷）胱甘肽過氧化酶(Glutathione peroxidase, GSH-Px)。

(4) 高海藻歧化酶(Super phyco dismutase)。

(5) 穀胱甘肽還原酶(Glutathione reductase)。

◎ 非酵素型包括：

(1) 維生素 C。

(2) 維生素 E。

(3) 穀胱甘肽(Glutathione, GSH)：

是非蛋白質性的一種硫醇(Thio)，由三種胺基酸－穀胺酸(Glutamate)、半胱胺酸(Cysteine)和甘胺酸(Glycine)所組成的三肽(Tripeptide)，在真核生物細胞體內存量豐富。

在細胞內主要的功能有：

① 合成及運送胺基酸。

② 當作酵素的輔因子。

③ 維持蛋白質硫氫基之氧化與還原狀態間的平衡。

④ 解毒作用－抵禦由體外進入的異種生物化合物之攻擊，抵抗存在於細胞內的氧化劑；如自由基或活性氧化物之攻擊，提高免疫力。

⑤ 調節細胞的氧化還原電位和細胞的循環作用。

⑥ 調節基因表現的作用。

⑦ 當作抗氧化劑，是人體內最好的「自由基」掃除劑。

化妝品中還有許多其他種類原料，將於後續章節中再述。

An Introduction to Cosmetics

化妝品中的高分子原料

高分子化合物(Polymer)因其分子的長短和側鏈數目的不同、而形成多樣化的化學性質，使其在醫藥和化妝品上的應用日益增加。

化妝品中多使用水溶性的高分子原料，由於分子大，在溶液中會因為分子與分子的相互糾結而增加溶液的黏度，可當做增稠（黏）劑使用；還可以塗在臉上、頭髮上、指甲上形成一層薄膜，當作皮膜劑用於面膜、髮膠、定型液、指甲油；此外，還可以利用高分子原料來包覆有效（活性）成分（如維生素 E、維生素 C、果酸等），讓這些有效成分由高分子間的縫隙間慢慢釋放出來；此外，還可將正、負電荷接到高分子的主鏈上，來製備具有界面活性劑及潤濕髮膚等調理作用的高分子電解質(Polyelectrolyte)。

一　水溶性高分子：有機物和無機物

1. 無機物包括：皂土、膠體鋁等。

2. 有機物包括：

　　天然高分子、半合成高分子（利用合成反應在天然高分子上接上官能基）以及合成高分子三大類。

　　(1) 天然高分子包括：

　　　　① 動物性蛋白類如：動物膠、膠原蛋白、白蛋白、酪蛋白等。

　　　　② 植物性多醣類如：阿拉伯樹脂、甘露聚醣、果膠、澱粉等。

　　　　③ 微生物性多醣類如：葡聚醣、玻尿酸（透明質酸）等。

　　(2) 半合成高分子包括：

　　　　① 纖維素類如：甲基纖維素、乙基纖維素、羥基纖維素、羧甲基纖維素等。

② 澱粉類如：甲基澱粉、羧甲基澱粉等。

③ 海藻酸類如：海藻酸鈉、海藻酸丙二醇酯等。

④ 其他多醣類的衍生物。

(3) 合成高分子包括：

① 乙烯類如：聚乙烯醇、聚乙烯吡咯烷酮、聚丙烯酸鈉等。

② 其他如：聚氧乙烯、氧化乙烯等。

另有油溶性高分子膠質－打瑪膠(Gum dammer)，常用於指甲油產品中。

二 高分子增稠劑

高分子增稠劑(Thickener, thickening agent)顧名思義是要用來調節產品的黏稠度，使產品在易於使用的黏度狀態下保持良好的穩定性，防止乳化粒子和粉末分離，使產品中的懸浮成分不易沉澱；即增加其分散性和乳化安定性，當作分散劑、懸浮劑用。早先以使用天然樹膠為主，但因品質較不易控制、易夾雜不純物，及易受微生物污染而導致化妝產品變質，目前多已被半合成和合成高分子所取代。

一般高分子增稠劑易受細菌、酵母和微生物分解而破壞其聚合度、降低黏度，尤其是天然高分子增稠劑。此外，儲存時間過久，聚合度也會因溫度、熱度等關係而降低，通常儲存兩年以上黏度約會降低 20～30%。

使用上還需注意到各種高分子增稠劑與原料的相容性、適應性，使用上有諸多的限制條件。如原料中含次亞硝酸鉍，若以海藻酸鈉為增稠劑將會產生沉澱，若原料中含丙二醇則會降低其黏度；Carbopol、

Carbomer 系列遇有鹽類存在時黏性會降低甚至消失；山羊膠不可與陽離子型原料共用等等。

又因產品的酸鹼性也會影響高分子增稠劑的溶解度和若干特性，如乳酪素（酪蛋白，Casein 和 Sodium casein），可溶於鹼性溶液中，但無法溶於酸性溶液中，使用前最好能充分瞭解每一樣成分的特性。

 三 高分子皮膜劑

高分子皮膜劑(Film former)是能夠形成薄膜的原料，依可溶於水或乙醇中而分成水系乳液狀和非水溶性產品。如：面膜類產品就是利用聚乙烯醇水溶液在水分揮發時可以形成薄膜的性質。頭髮定型液、髮膠中也可用。護髮素中使用的高分子原料雖然形成薄膜的功效並不明顯，但可配合陽離子型高分子化合物提高使用後的觸感。眼線液和睫毛液中配合使用高分子乳狀液，所形成的薄膜亦可以防止汗液和淚液使化妝品脫妝等等。

 四 高分子電解質

高分子電解質(Polyelectrolyte)是將帶正電荷的陽離子或帶負電荷的陰離子接到高分子聚合物上，可變化出多種性質的原料，其性質依：①帶正電荷或帶負電荷，②所帶電荷在高分子上的的密度，③離子與離子間的距離，④高分子側鏈的長短和數目而定。

高分子電解質通常可以形成薄膜，常被用於頭髮定型類產品中，陽離子型常用於潤絲精；陰離子型常用於保濕劑或增稠劑。

1. 海藻酸鈉(Sodium alginate)：

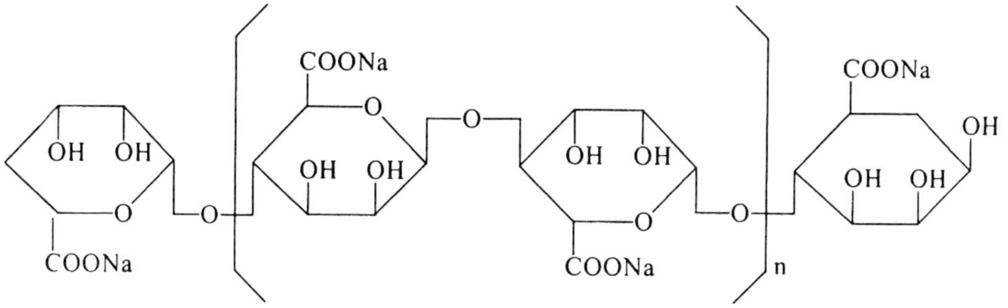

又稱藻朊酸鈉，屬於天然的高分子增稠劑，以海帶等褐藻類為原料處理得，白色或淡黃色粉末，分子量約 3～20 萬，1%水溶液的 pH 值=6～8，pH 值=6～9 時的黏度最穩定，加熱至 80°C 時黏度會下降，具吸濕性，水溶液與鈣離子接觸會生成海藻酸鈣而生成凝膠，可藉由改變鈣離子的多少、海藻種類的不同、數量、濃度等條件，來調節凝膠的強度。可經由添加草酸鹽、氟化物、磷酸鹽或其他能與鈣形成難溶性鹽類的化合物來控制其凝固的效果。水溶液的黏度會隨聚合度及濃度而異。

海藻酸鈉的親水性極強，在冷水中溶解度也極佳，並具有很強的膠體保護作用和對油脂的乳化作用，廣泛的用於透明膠體狀化妝品中當作增稠劑、整髮產品中當作定型劑、乳液類化妝品中當作乳化安定劑，也用在牙膏中作為增黏劑，並能賦予膏體均勻細膩且具有光澤的效果。

2. 明膠（白明膠，Gelatin）：

又稱動物膠，無色或微黃色透明或半透明薄片或粉粒，主要成分是高分子量水溶性蛋白質的混合物，由各種胺基酸組成，能溶於熱水，冷卻後形成凝膠狀；在冷水中可膨脹至原體積的 5～10 倍。乾燥情況下能長期儲存，遇濕空氣易受潮，易與細菌作用而發霉、變質。是以

牛皮、豬皮或骨頭為原料所提煉出的高分子蛋白質。黏度易受溫度影響而生變，其缺點是較難保持化妝品黏度的穩定性，但因近年來化妝品原料傾向於採用天然物質，因此，水解後的明膠被大量用於化妝品中當作營養劑。

3. 山羊膠（黃原膠，Xanthan Gum）：

屬於酸性黏多醣類聚合物，分子量大於 10^6，白色粉末，易溶於水，低濃度時攪拌會形成黏稠液體，能抗熱，水溶液很像塑膠，可在產品中當增稠劑或乳化劑。

M^+ = Na, K, or 1/2 Ca

4. 酪蛋白（酪朊，Casein）：

又稱酪素、乾酪素，白色至黃色粉末，是一種含磷的蛋白質，在牛奶中占全蛋白質的 80%，人奶中占 30%，是奶蛋白質的主要營養成分，牛奶中含有 α，β，γ 及其他酪蛋白。具吸濕性，會溶於稀鹼液或濃酸，在弱酸中會沉澱，乾燥時穩定，遇潮會迅速變質。在化妝品中除可作為增稠劑外，還可作為乳化劑，近年來也將其當作天然營養成分添加於化妝品中。

5. 果膠(Petcin)：

白色至淡黃色粉末，稍具特異臭味，是分布在許多植物中的凝膠狀多醣類，大多分布在嫩綠色植物的葉、莖、根和果實中，分子量約 5～20 萬或 50～53 萬；因果膠的種類來源和提煉方法不同而異。溶於 20 倍的水中會形成黏稠狀液體，對皮膚不具刺激性，在鹼性物質中不穩定，不能用於鹼性產品中，因無毒且無刺激性，包含需入口的化妝品；如牙膏、唇膏中都可添加。

6. 澱粉(Starch)：

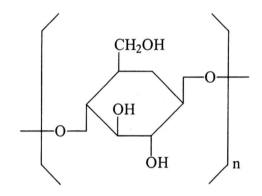

　　白色粉末，由許多葡萄糖分子聚合成的多醣，醣苷鍵屬於 α 型，廣泛存在於植物的塊根、塊莖、球莖、穀粒和果實中，依來源不同可分成玉米澱粉、小麥澱粉……等多種。具吸濕性，不溶於冷水，與水一起加熱至 55～60℃ 會膨脹成具有黏性的半透明凝膠或膠體溶液，此種現象稱為糊化。澱粉的水溶液即使在低濃度下也會顯示出很高的黏度。加在化妝品（含嬰兒護膚品）中除可作為膠體保護成分和增稠劑外，可賦予皮膚柔軟感，也可作為香粉類化妝品的香料吸收劑，但對細菌、霉菌等微生物的抵抗力較差，近年來由澱粉和環糊精轉移酶製成的環糊精，尤其是 γ 環糊精(γ-Cyclodextrin)在化妝品的應用中，可當作傳送活性成分的載體使用。

7. 阿拉伯膠(Arabic gum)：

　　取自生長在中、西、北非及印度等熱帶地區的荊球花、阿拉伯橡膠樹或相關種類樹木的分泌物，淡黃色塊狀或白色粉末，略具甜味，通常依顆粒大小和顏色深淺分級，主要成分是含 79.5～81%的阿拉伯酸，及其鈣、鎂、鉀等所成的鹽類，因來源品種不同，含量也不同。可作為醫藥、食品、化妝品、油墨等的增稠劑、安定劑和乳化劑。

8. 羧甲基纖維素(Carboxyl methyl cellulose, CMC)：

$$[C_6H_7O_2(OH)_2OCH_2COONa]_n$$

白色或微黃色粉末，無嗅無味，無毒，是一種纖維素衍生物，聚合度>200，水溶液微中性或微鹼性，遇酸會產生沉澱，遇鈣、鎂和食鹽等鹽類都不會生成沉澱，但黏度會降低。可用於化妝品中當增稠劑、皮膜劑、乳化安定劑、黏合劑、泡沫安定劑等，還能加在洗劑中，防止洗劑中脫離了纖維的污垢再次附著在纖維上。

9. 甲基纖維素(Methyl cellulose, MC)：

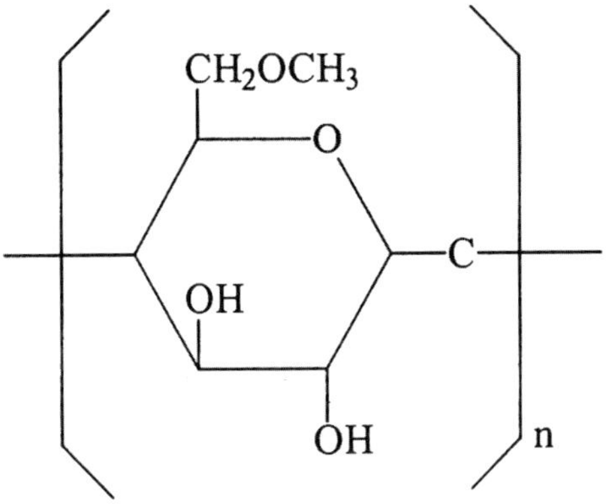

白色纖維狀固體，無嗅無味，是纖維素的醚類衍生物，在水中的溶解度與溫度成反比，加熱到 220°C 以上會發生熔融分解，溶解度與取代度也有關，用作化妝品原料的取代度通常為 1.6～1.8 的水溶性產品。取代度相同時，聚合度越低，取代基分布越均勻，溶解度越好。加酸或鹼可以任意調節其 pH 值，黏度不會有顯著的變化，具有優良的濕潤性、分散性和穩定性，長期儲存不會發霉變質，可以代替天然增稠劑，改善各類化妝品的黏稠度，提高各種霜類、乳液類化妝品的穩

定性、流動性和黏稠性；加在粉餅、胭脂類中當作黏合劑；洗面、敷面等化妝品中當作皮膜劑，但需選用取代度為 2.4～2.7 的 MC，較天然黏質液的耐微生物能力佳，較不易使產品變質。

10. 聚丙烯酸鈉(Sodium polyacrylate)：

$$\left[\begin{array}{c} CH_2-CH \\ | \\ COONa \end{array}\right]_n$$

　　白色至琥珀色凝膠或粉末，稍有氣味，可溶於水；尤其是鹼性水溶液。溶解於水時、要先長時間靜置使其膨脹後、再加水使完全溶解。當水溶液中有金屬離子，尤其是鐵離子存在時，黏度會降低；隨溶液的 pH 值不同，黏度也會改變，屬於高分子電解質(Polyelectrolyte)，不易受微生物侵蝕，也不會發生水解而導致降解。無毒，聚合度 20,000～66,000。在化妝品中除當增稠劑外，還可當作顏料的分散劑、乳化安定劑；並可在粉類化妝品中當作粉類原料的黏合劑。

11. 聚乙二醇(Polyethylene glycol, PEG)：

$$H-\left[O-CH_2-CH_2\right]_n-OH$$

　　根據分子量大小的不同可以從白色黏稠液（分子量 200～700）至蠟質半固體（分子量 1,000～2,000）甚至堅硬的蠟狀固體（分子量 3,000～20,000）。低分子量的聚乙二醇可以任何比例與水混合，高分子量的聚乙二醇在水中的溶解度則是有限度的，但仍大於 50%，無毒，無刺激性。

　　聚乙二醇具有良好的潤濕性、吸濕性和柔軟性，與化妝品中其他原料的相容性亦佳，因此在化妝品中的用途廣泛，可用於各類產品中當作增稠劑、保濕劑等。

12. 聚氧乙烯(Polyoxyethylene)：

$$H\text{---}(\text{O}\text{---}CH_2\text{---}CH_2)_n\text{---}OH$$

　　乾爽、可流動的白色粉末，當分子量小於 2.5 萬時稱為聚乙二醇，是黏性液體或蠟狀固體，2.5 萬以上至幾十萬甚至幾百萬時稱為聚氧乙烯，屬於熱塑性高分子，軟化點 65～67°C。水溶液在極低的濃度下就具有很高的黏度，在大氣中吸濕性小，耐微生物侵蝕，與其他樹脂的相容性好，毒性低，對皮膚無刺激性。

　　低分子量的聚氧乙烯作為濕潤劑用於化妝水、膏霜類化妝品中，高分子量的聚氧乙烯常與陰離子或非離子性的界面活性劑合用，以增強乳化性能。此外聚氧乙烯能形成柔軟的薄膜，可用於剃鬚、護膚等化妝品中。另可用於洗髮精(Shampoo)、乳液、護膚化妝品中當作增稠劑。缺點是：高分子量的聚氧乙烯水溶液有牽絲性，使用時須注意。

13. 羧乙烯聚合物(Cayboxyvinyl polymer, Carbomer, Carbopol)：

$$\left[\begin{array}{cc} H & H \\ | & | \\ C & C \\ | & | \\ H & C=O \\ & | \\ HO & O \end{array}\right]_n$$

是一種柔軟性的橡膠質水溶性合成高分子樹脂,為丙烯性(Acrylic)酸的聚合物,平均分子量約 4×10^4,在產品中可當作增稠劑、皮膜劑、懸浮劑和乳化安定劑等,使用前須先稀釋成膠狀水溶液,各種商品中以 Carbopol 940 的透明度最大。因分子內含有羧基(-COOH),水溶液呈酸性,使用時須加入鹼劑如氫氧化鈉(會得到硬質膠)或三乙醇胺(會得到軟質膠)來中和酸性。此系列產品的黏稠度受 pH 值的影響很大,在 pH 值=5 時,黏度會達到穩定期(停滯期)。又因易受紫外線照射產生光解,且金屬離子也會促進其分解,使用時宜添加紫外線吸收劑和金屬離子捕捉劑。由於透明度高、使用時觸感佳,是目前商品中最常使用的增稠劑。

14. 聚乙烯吡咯烷酮(Polyvinyl pyrrolidone, PVP):

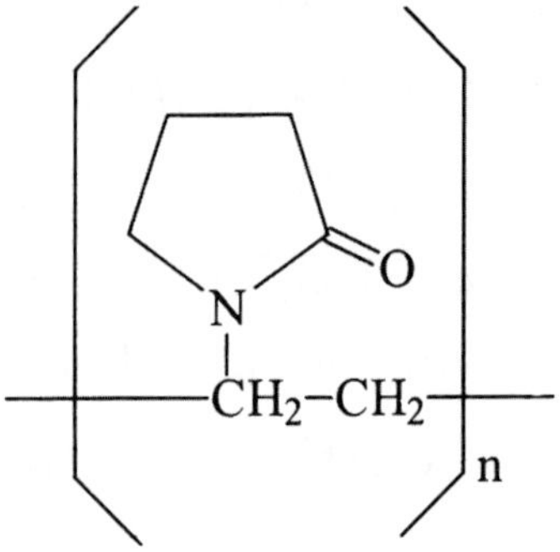

白色至淺黃色非晶形粉末,分子越長,水溶液的黏度越高,但太長則不易溶解,且用作定型噴膠時會不易噴出,通常採用的聚合平均分子量約 25,000。

分子結構上含氮(N)、氧(O)元素,屬於極性分子,能留住部分的水分,也可以當作保濕劑用,形成皮膜後不會太硬,製成的頭髮用品不但具有定型的功效,且不會僵硬,看起來相當自然。

PVP 廣泛的被使用於化妝品和醫藥界，毒性低，在頭髮和皮膚上附著性佳，易形成具光澤且滑順的透明薄膜；又具保濕、穩定泡沫、分散色素等性質，對皮膚、毛髮和眼睛的刺激性小，常用於洗髮精、護髮素、美髮造型產品；也可用於牙粉和清潔液中。缺點是：對細菌、黴菌等生物的抵抗力較差，使用時須注意。

15. 聚乙烯醇(Polyvinyl alcohol, PVA)：

$$\left[-CH_2-\underset{\underset{OH}{|}}{CH}- \right]_n$$

白色粉末，可分為全醇化（水解完全的產物）和部分醇化（水解不完全的產物）兩種，全醇化 PVA 在冷水中會發生膨潤現象，但不溶解，須加熱到 80°C 以上才能溶解，部分醇化 PVA 則能溶於冷水中。低分子量 PVA 溶於冷水中能配成 20～30%溶液，高分子量 PVA 僅能溶於熱水，配成 10～15%溶液，但冷卻後會形成凍膠。PVA 的水溶液性質與澱粉溶液類似，遇碘會呈現藍色，但不易發霉也不會被細菌破壞。黏度和分子量成正比，聚合度在 1,000 以下屬於低黏度，1,000~1,500 屬於中黏度，1,500 以上屬於高黏度，分子量越大，黏稠度越大，成膜後的強度也越大，但在水中的溶解度則越小。

在化妝品中用途廣泛，因水溶液的成膜性佳，溶劑揮發後可形成無色透明且質地柔軟的薄膜，常被用於護膚化妝品面膜中作為皮膜劑；還可提高乳液製品的穩定性、分散性、兼作膠體保護劑。

16. 聚矽氧高分子(Silicone polymer)：

$$\left[\begin{array}{c} CH_3 \\ | \\ -Si-O- \\ | \\ (CH_2)_3 \\ | \\ O \\ | \\ PE \end{array} \right]_m \left[\begin{array}{c} CH_3 \\ | \\ -Si-O- \\ | \\ CH_3 \end{array} \right]_r$$

$$PE = \text{———}(EO)_x \text{———}(PO)_y - H$$

$$EO = \text{——}CH_2CH_2O\text{——}$$

$$PO = \text{——}\underset{\underset{CH_3}{|}}{CH}CH_2O\text{——}$$

常用的如 Dimethicone、Cyclomethicone、Copolyol dimethicone 和 Amino dimethicone 等。此系列高分子聚合物的特徵是耐熱、耐凍、可消泡，且可賦予皮膚和毛髮柔和的觸感，廣泛的被用於各類保養、清潔、護膚及護髮等產品中。

若分子式中的

$$PE = \text{——}CH_2\text{—}CH\text{—}CH$$
$$\underset{O}{\diagdown\diagup}$$

就是環氧乙烷的矽氧烷(Silicone)共聚合物。

$$PE = \quad -CH_2-CH-CH_2-\overset{\overset{\displaystyle CH_3}{|}}{\underset{\underset{\displaystyle CH_3}{|}}{\overset{+}{N}}}-CH_2COO^-$$
$$\underset{OH}{|}$$

就是 Silicone betain 型兩性共聚合物。共聚合物中若 m 越大或 n 越小，水溶性會增強，Silicone betain 型兩性共聚合物通常在化妝品中當作兩性介面活性劑使用。

(1) Dimethiocone：

低黏度的揮發性大，中黏度的拒水性強，若併用於潤髮乳（潤絲精）中，低黏度的可以增加剛洗完、濕潤時頭髮的梳理性，高黏度的可以被附在頭髮上形成薄膜，達到長效的潤髮功效。此類原料清爽、不油膩、觸感、熱安定性及安全性佳，易塗抹、不易凝結。本身是透明流體，外觀佳，是護髮產品中使用最多的 Silicone。

(2) Cyclomethicone：

是揮發性的 Silicone，對濕髮的瞬間梳理性佳，頭髮乾後 Cyclomethicone 也會揮發掉，和許多化妝品原料及溶劑間都有高度的相容性和溶解度。添加在頭髮保養產品中可以防止頭髮表面產生靜電、讓頭髮好梳理。可當潤膚劑使皮膚變得柔嫩光滑，並能當保濕劑，防止皮膚乾燥，還可以當美容保養產品的基礎及作為溶解特定物質之溶劑，或用來增加或降低美容保養產品的黏稠度。

(3) Copolyo dimethicone：

屬於矽氧烷聚醚，具有乳化安定劑的作用，常用在化妝品中確保化妝品的品質，以延長原料的壽命，尤其是當製品中含有如銅、鐵、鈣等礦物成分時加入此原料，可以減低產品變色的速度。

17. 多醣體(Polysaccharide)：

是具有高黏度、低毒性且具保濕效果的原料。化妝品中常用的如：玻尿酸、幾丁質、幾丁聚醣等。

(1) 玻尿酸(Hyaluronic acid)：

已於前章高分子型吸濕性保濕劑中敘述。

(2) 幾丁質(Chitin)、幾丁聚醣(Chitosan)：

當 R 是羥基(OH)時是葡萄糖，其聚合物－聚 1，4-β-D-葡萄糖(Poly-1, 4-β-D-Glucose)是纖維素；當 R 是乙醯胺基(Acetamide, NHCOCH$_3$)時是 NAG（N-acetylglucosamine，N-乙醯葡萄醣胺），其聚合物－聚 1，4-β-D-N-乙醯葡萄醣胺就是幾丁質，如果是去乙醯的型式，即 R 是胺基(NH$_2$)時就是幾丁聚醣（或稱為脫乙醯殼多醣），幾丁質和脫乙醯殼多醣就是俗稱的甲殼（類）物質，或稱甲殼素。

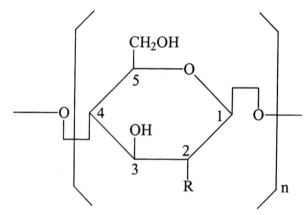

聚 1,4-β-D-葡萄糖吡喃基的構造式

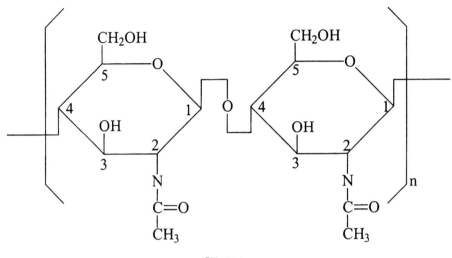

Chitin

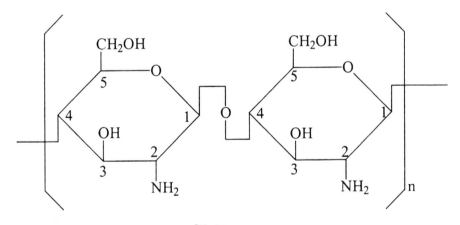

Chitosan

　　幾丁質和幾丁聚醣是由生質(Biomass)所製取的天然高分子物質，主要存在於甲殼類昆蟲、水生甲殼類動物（蝦、蟹等）之外殼，及真菌類的細胞中，與生物體細胞有良好的組織互容性(Histocompatibility)，幾乎無毒性，又可被生物分解，具有生物活性，是近年來相當受到重視的原

料，除可應用在化妝品中，也應用在機能性食品、外科手術縫合線、人工皮膚、生物技術、生化工業領域、廢水處理、纖維產品、樂器材料⋯⋯等方面，用途十分廣泛。

甲殼質可依其特性；如：增稠劑、金屬離子封鎖性、保濕性、抗靜電性、潤滑性、成膜性等，具有各種不同的功效。此外，保濕、抗靜電、降低摩擦等特性相互結合就會產生輕柔的觸感。

甲殼質能使毛髮或皮膚具有光澤、濕潤與柔軟，可改善產品的外觀和觸感；甲殼質薄膜堅硬但具有彈性，有整髮的功效；甲殼質薄膜還具有過濾的作用，會讓毛髮和皮膚所需的水分和養分等較小的分子通過，而空氣中的過氧化物、灰塵等有害物質則會被隔絕而無法侵入，對毛髮和皮膚有很大的助益；能夠吸收紫外線，保護毛髮和皮膚免受紫外線傷害；還擁有很強的抗菌能力，能夠使大腸桿菌、金黃葡萄球菌、綠膿菌等細菌類，念珠菌、青黴菌等真菌類，在 24 小時內死亡，可以預防對細胞有害物質的污染，保持毛髮和皮膚的清潔。

防曬、美白、抗老化

　　防曬已經不再只是怕黑的女性朋友認為有需要，許多的研究報告指出：「過度的曝曬於日光下將會導致罹患皮膚癌」；氣象報告中也添加了全省各地的紫外線指數報導，這些都在提醒我們紫外線的傷害性和可怕性。

　　古云：「一白遮三醜」，美白去斑更是美容沙龍中需求最普遍的服務項目，但遭遇到效果緩慢、無效、甚至受傷引起糾紛的案例也相當多。

　　許多人怕老，尤其怕外貌看來老。皮膚的老化可以分成內在和外在的因素，內在的因素是指隨著年齡增長自然產生的生理老化；外在的因素則與環境有關，尤其是因為陽光中紫外線的傷害所引起的光老化(Photoagin)。

　　不論是防曬、美白或是抗老化都與紫外線有關。眾所週知紫外線具有殺菌作用，可以殺死附著在衣物、棉被上的細菌和微生物，因此家庭主婦喜歡將衣物、棉被放在太陽下曝曬。這樣強的能源照在皮膚上當然也會造成部分細胞壞死。各種文獻報導已經證實紫外線會使皮膚的膠原蛋白變性、皮脂膜的分泌失調，導致皮膚出現皺紋、色素沉澱和各種皮膚病（包括黑色素腫瘤病變），紫外線對皮膚的傷害是日積月累的，膠原蛋白變性後會使皮膚的彈性老化（彈性變差，產生皺紋），這些是無法復原的；變黑、變白都只是我們所能看到的皮膚的表徵而已。

　　皮膚的顏色決定於光線與皮膚的關係和皮膚本身的生理特性。影響膚色的主要因素包括：

1. 麥拉寧色素(Melanin)：主要是兩種醌類(Quinone)的聚合物：

(1) 真黑色素(Eumelanin)：

棕色～黑色，是由 5,6-dihydroxyindole carboxyacid(DHIAC)以及 5,6-dihydroxyindole(DHI)所形成的聚合物。

(2) 類黑色素(Pheomelanin)：

黃色～紅棕色，在半胱胺酸(Cysteine)的參與下合成的聚合物。

2. 血紅素(Hemoglobin)：

主要是以結合氧分子後的氧化型態血紅素（鮮紅色）和還原型態的亞鐵血紅素（暗藍紅色）為主。

3. β-胡蘿蔔素(β-Carotene)：

是黃色色素，存在於真皮和真皮微血管內的血液中。

和氣色有關的則是光線和皮下血管的循環作用。其中麥拉寧色素是影響膚色的最主要原因。

麥拉寧色素（黑色素）是由麥拉寧色素母細胞（黑色素細胞，Melanocyte）製造，成熟的麥拉寧色素細胞存在於表皮和真皮的接合處，主要的功能是可以創造膚色、並保護皮膚抵抗紫外線對皮膚的侵害。麥拉寧色素母細胞位於表皮層的基底層中，生成麥拉寧色素後會不斷的向皮膚表層推移，直到色素經由表皮的角質自然代謝脫落為止。

麥拉寧色素不會無端產生，而是因為色素母細胞中的酪胺酸酵素(Tyrosinase)被激發活化而引起的連鎖反應。會激發活化麥拉寧色素細胞的因素包括荷爾蒙、環境和紫外線的刺激等。麥拉寧色素細胞本身

不會分裂，每個人自生至死，體內的麥拉寧色素細胞都會維持一定的數量，不會產生新的麥拉寧色素細胞。麥拉寧色素細胞本身有很多的柱狀體，會把產生出來的麥拉寧色素顆粒傳送到周圍的角質細胞，再隨角質細胞的分裂而往上移；角質細胞自基底層進行細胞分裂後約經14 天進入角質層，再經約 14 天後會自然代謝脫落。由於黑色素要藉由角質細胞的新陳代謝脫離人體，因此新陳代謝較緩慢的老年人就容易產生出斑。無論是要減少色素或增加色素都須從麥拉寧色素細胞或角質細胞的新陳代謝著手；或是抑制麥拉寧色素細胞受到刺激而產生麥拉寧色素顆粒；或是加速角質細胞的新陳代謝的功能，讓代謝出的角質細胞含有較少的黑色素，使皮膚看起來較為白皙。

皮膚製造出黑色素後沉積到皮膚表面、是要對皮膚形成保護作用，幫助阻擋紫外線，以免紫外線進入真皮層造成更大的傷害。形成後的黑色素不論是否持續再曬太陽、再產生新的黑色素，都會隨著角質細胞的新陳代謝而脫落。因此，曬黑後，新陳代謝能力較佳的皮膚會較快褪黑，而新陳代謝能力較差的皮膚代謝黑色素的能力也比較差、較不易褪黑。

可以激發活化酪胺酸酵素的因子包括：紫外線、X-射線和銅離子，其中最為大家所熟知也最容易被接觸到的是紫外線，因此紫外線就成了形成黑色素的最大的敵人。黑色素生成的簡單途徑如下：

酪胺酸(L-Tyrosine)

↓

X-射線、紫外線、活性銅離子→酪胺酸酵素(Tyrosinase)

↓

杜巴(DOPA)

↓

X-射線、紫外線、活性銅離子→酪胺酸酵素

↓

杜巴　(Dopa Quinone)

↓

黑色素(Melanin)

棕色~黑色(Eumelanin)、黃色~紅棕色(Pheomelanin)

◐ 圖 6-1　黑色素生成的簡單途徑

通常將紫外線分成長波(UVA:400～320nm)、中波(UVB:320～280nm)和短波(UVC:280～200nm)，正常情況下 UVC 在經過臭氧層時會被吸收掉，能穿透臭氧層到達地表的僅有 UVA 和 UVB。1996 年，美國雅芳化妝品公司的研究部門又將 UVA 再細分為 UVA-1(400～360nm)和 UVA-2(360～320nm)。

通常可以到達地面上的光線組成中紅外線(3,000～760nm)約占 45%，可見光(760～400nm)約占 49%，UVA 約占 5.5%，UVB 約占 0.5%。

　　紫外線中 UVA 的能量最小，波長最長，可以直達基底層造成黑色素的大量生成，甚至穿透到真皮層。由於 UVA 不會讓我們有紅腫、刺痛的現象，所以長久以來都被忽略了。UVA 又稱為生活紫外線，幾乎無法被雲層、衣服、玻璃等物阻擋，對皮膚的傷害是會直接曬黑但不會有灼傷的現象，即便是足不出戶的家庭主婦也有可能會被曬黑。由於約有 35～50%的 UVA 能夠深入到真皮層，導致真皮層的結締組織(Connective tissue)中的膠原纖維（膠原蛋白，Collagen）和彈力纖維（彈力蛋白，Elastin）變性、被破壞；皮膚細胞中過氧化脂質和自由基增加等，將會促進皮膚老化甚至引起皮膚癌。

　　UVB 可以穿透表皮層達到真皮的乳頭層，對皮膚的傷害是會灼傷皮膚，有可能產生紅斑及間接曬黑。在短時間內受到大量 UVB 照射將會引起皮膚發炎、紅腫、起水泡甚至刺激黑色素分泌增加，使皮膚的顏色變得黯淡、深沉，尤其是在戶外休閒如：海邊戲水、爬山、游泳等時，都會快速傷害皮膚。UVB 最容易引起日曬紅斑，並會增加酪胺酸酵素的活性，刺激黑色素細胞的量與活性增加，加速轉移黑色素至角質細胞形成黑色素顆粒。對皮膚的長期影響是會間接的使皮膚細胞的 DNA 受損，引發皮膚癌。

　　正常情況下 UVC 在穿越臭氧層時就會被吸收掉了，所以雖然波長最短，能量最大，對皮膚應不致造成傷害，但近年來由於臭氧層產生破洞，因此也須注意高能量的 UVC 對皮膚產生的傷害。

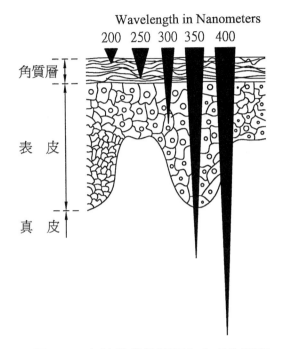

Wavelength in Nanometers
200 250 300 350 400

角質層

表 皮

真 皮

🔺 圖 6-2 各波段紫外線深入皮膚的程度

（本圖引自：F. Marzulli：皮膚光毒第二版，p.327, 1983）

 防曬能力的評估方法

　　目前最常被使用的防曬品防曬功能的評估方式有二種：一種是針對會引起曬黑現象來評估的「PFA」，另一種是針對會引起曬傷的紅斑來評估的「SPF」。

（一）防曬黑的測試方法（PFA 及 PA）

1. PFA：

Protection Factor of UVA，是 1996 年 1 月，日本化妝品工業協會 (Japanese Cosmetic Industry Association, JCIA)公佈的 UVA 防止效果測定法標準，是目前較被認同的評定方法，採用最小持續型及黑化量法(Minimum Presistent Pigment Darkening, MPPD)來判定。

PFA 的測定方法：在塗防曬品的肌膚上用 25%人工光源 UVA，以一定比率增量照射約 2~4 小時後檢測皮膚黑化的程度。

$$PFA = \frac{塗防曬品的肌膚達到紫外線傷害程度的量}{未塗防曬品的肌膚達到紫外線傷害程度的量}$$

即若未塗防曬品的肌膚在 $10J/cm^2$ 的 UVA 照射下就會黑化，而塗有防曬產品的肌膚在 $20J/cm^2$ 的 UVA 照射下才會黑化，則 PFA=20/10=2。

2. PA：

則是針對 UVA 的 PFA 值所作的測量等級，以「＋」的數目來分級。

🍵 表 6-1　PFA 值和 PA 等級與預防 UVA 的能力關係

PFA 值	PA 等級	預防 UVA 的能力
2~4	PA+	輕度遮斷 UVA，可延緩皮膚曬黑時間 2~4 倍
4~8	PA++	中度遮斷 UVA，可延緩皮膚曬黑時間 4~8 倍
>8	PA+++	高度遮斷 UVA，可延緩皮膚曬黑時間 8 倍以上

（二）防曬傷、曬紅的測試方法(SPF)

(Sum Protection Factor, SPF)陽光保護係數，是針對陽光照射後所引起的紅斑現象制定的防曬係數。採用最小紅斑法(Minmal erythemal Dose, MED)，若以美國 FDA 的標準是將製品塗在皮膚上後（$2mg/cm^2$（德國 GSODIN 則是 $1.5mg/cm^2$)），照射人工紫外線，測定會引起最小紅斑所需紫外線的能量。因各國塗層厚度標準不一，因此，若同樣的產品在美國標示 SPF=40，在德國 SPF 就只能標示為 30。

$$SPF = \frac{使用防曬產品時會引起皮膚產生紅斑所需紫外線的能量}{未使用防曬產品時會引起皮膚產生紅斑所需紫外線的能量}$$

SPF 標示為 15 的防曬產品是指：若消費者在還沒使用防曬產品前，照射陽光 30 分鐘後就會產生曬紅的情況，擦了該防曬產品，在陽光下曝曬 450 分鐘後才會產生相同程度的曬紅的情況。

▼ 表 6-2　SPF 值與防曬能力的關係

SPF 值	防曬效果
2～4 以下	只有很輕微的防曬能力，會黑化
4～6 以下	具中度防曬能力，會引起某種程度的黑化
6～8 以下	具高度防曬能力，會引起輕微黑化
8～15 以下	具強力防曬能力，幾乎不會引起黑化
15 以上	具超強防曬能力，完全不會引起黑化

　　一般消費者多認為 SPF 30 的產品隔離紫外線 B 的能力會是 SPF 15 的產品的兩倍，其實不然，因為 UVB 遮蔽率=(SPF-1)÷SPF×100%，即，SPF 15 的產品，遮蔽率為 93%，而 SPF 30 的產品，遮蔽率為 97%，兩者僅相差 4%，因此，平日只需選用 SPF 15 的產品就足夠了。防曬係

數越高的產品只表示皮膚被曬傷的時間可以延長得越久，但還是每隔數小時就要再塗抹，才能維持防曬功能，且防曬係數越高的產品中添加的防曬成分較多，使用時還須考慮皮膚是否會產生敏感反應。另外，還須注意到防曬產品塗抹的厚度，須塗抹依照規定厚度的防曬產品，才能達到與產品標示上相同的功效。

另外，對防曬產品的耐水性和防水性作測試：將防曬產品塗在皮膚上，若浸入水中 40 分鐘後所測得的 SPF 值不小於未經水作用的70%，就屬於耐水性的防曬產品(Water resistant)，若浸入水中 80 分鐘後所測得的 SPF 值不變，就屬於防水性的防曬產品(Water proof)。

目前市面上所使用的紫外線吸收劑，絕大多數只能吸收達 360nm的紫外線，UVA-1 的部分(360～400nm)無法被吸收；而，最長波的 UVA-1才是會照入真皮層最深的光源，是主導黑色素生成的元兇，對皮膚的傷害性也最大。

衛生福利部食品藥物管理署於 106 年 5 月 12 日，公布「防曬類化妝品防曬效能管理」最新說明：依據我國現行管理規定，防曬類化粧品除二氧化鈦（Titanium dioxide, TiO_2，非奈米化）成分以一般化粧品管理外，其餘防曬劑成分係以含藥化粧品管理，上市前須向衛生福利部辦理查驗登記，如該防曬類化粧品有標示防曬係數（如「SPF」、「PA+...」、「★…」等），並應檢附防曬效能測定報告試驗文件等資料，供食藥署審查，以確認其防曬效能，經核准並領有許可證字號後，始得製造、輸入或販售。

目前防曬係數檢測方式可分為人體測試(in vivo)或人工薄膜(in vitro)測試 2 類，惟國際間各國對於防曬係數之檢測、標示之方式尚無統一標準。此外，我國已於 96 年 2 月 26 日公告防曬係數之標示規定，

SPF 其標示值不得大於實測值，且 SPF 防曬係數標示值最大上限為 50，而所測得之防曬係數高於 50 者，則以「SPF 50+或 SPF 50 Plus」標示之。市售防曬化粧品如經查獲防曬係數標示與實際不符者，涉違反化粧品衛生管理條例第 6 條規定，得依同條例第 28 條規定，處新台幣 10 萬元以下罰鍰；其妨害衛生之物品沒入銷燬之。

二　防曬劑的種類

化妝品的防曬方式可分為物理性防曬和化學性防曬兩種；物理性防曬主要是利用粉體將紫外線反射或散射；化學性防曬主要是在防曬產品中加入可以有效過濾陽光中的紫外線光源的紫外線吸收劑。

（一）物理性防曬劑

1. 防曬機構：

主要是藉由固體顆料對陽光的反射和散射作用阻擋陽光，來達到防曬的目的。物理性防曬用的無機粉體穩定性較佳，對皮膚較不具有刺激性和過敏性；沒有化學性的傷害，但有阻塞毛孔、防礙皮膚自然透氣的缺點。

2. 防曬成分：

常用的無機粉體如：二氧化鈦(TiO_2)、氧化鋅(ZnO)、高嶺土(Kaolin)、二氧化矽(Silica)、氧化鋯(ZrO)、氧化鋁等。但最常用的是：二氧化鈦、氧化鋅。

(1) 氧化鋅-UVA 的防曬劑：

氧化鋅的遮蓋力約為二氧化鈦的 1/3，是具有收斂性的粉體，在中性和弱鹼性溶液中安定，由文獻知，氧化鋅在 UVA 範圍的防曬效果比二氧化鈦佳。

(2) 二氧化鈦-UVB 的防曬劑：

二氧化鈦是具有極強遮蓋力的粉體，在弱酸性的環境下非常安定，可與果酸等酸性保養品混合使用。一般色料用的二氧化鈦粒子約 230nm，可以散射可見光，有良好的遮蓋力，可以隔離部分的紫外線，當二氧化鈦的粒子小於 60nm 時，會提高隔離紫外線；尤其是 UVB 區域的能力，所以防曬產品中常用超微粒的二氧化鈦粉體作為物理性的防曬劑。若再加入化學性的防曬劑，將可大幅的提升防曬產品的 SPF 值，提高產品的防曬能力。

（二）化學性防曬劑

1. 防曬機構：

主要是利用紫外線吸收劑(Ultraviolet absorber)來吸收紫外線光譜區的光線，而讓其他光線通過。化學性的紫外線吸收劑可能會因使用量不當或膚質過敏而引起化學性傷害。好的化學性紫外線吸收劑須有適當的官能基(Functional grup)來防止紫外光入侵皮膚，且要具有可以抵抗化學變化或光化學變化的性質，又不會被皮膚吸收、不溶於汗水或水中、不具毒性和刺激性等性質。

2. 防曬成分：

　　主要是化學合成的酯類，通稱為紫外線吸收劑，吸收紫外線後將其轉變成熱能或螢光釋放出來，但也常會因吸收達飽和而喪失防曬功能，因此須重複塗抹以維持吸收能力，再者有些化學性防曬劑已經證明對皮膚會產生刺激性，導致肌膚過敏。化妝品中常用的化學性防曬劑可分成五類：

(1) 對胺基苯甲酸及其衍生物(*Para* aminobenzoic acid&derivatives)。

(2) 水楊酸鹽(Salicylates)。

(3) 桂皮酸鹽(Cinnamates)。

(4) 二苯甲酮(Benzophenones)。

(5) 其他具紫外線吸收功效的成分。

🖌 表 6-3　常見的化學防曬劑和吸收波長範圍

化學防曬劑	吸收波長(nm)
對胺基苯甲酸及其衍生物 (*Para* aminobenzoic acid & derivatives)：	
1. *Para* aminobenzoic acid (PABA)	260~313
2. Glyceryl amino benzoate	264~315
3. Octyl dimethyl PABA(2-Ethylhexyl dimethyl PABA, Escalol 507, Padimate O)	290~315
4. Amyl dimethyl PABA (Padimate A)	290~315
5. Ethyl-4-*bis* (hydroxypropyl) amino benzoate	280~330
水楊酸鹽(Salicylates)：	
1.Octyl salicylate (2-Ethylhexyl salicylate)	280~320
2.Homosalate (Homomethyl salicylate, HMS)	295~315
3.Triethanolamine salicylate	260~320

🎀 表 6-3　常見的化學防曬劑和吸收波長範圍（續）

化學防曬劑	吸收波長(nm)
桂皮酸鹽(Cinnamates)：	
1.2-Ethyoxy-ρ-methoxy cinnamate (Cinoxate)	238~320
2.Diethanolamine-ρ-methoxy cimmamate	250~360
3.Octyl-ρ-methoxy cinnamate (2-Ethyl-ρ-methoxy cinnamate, Parsol MCX)	290~320
4.Ethyl methoxy cinnamate	290~380
二苯甲酮(Benzophenones)：	
1.Oxybenzone (Hydroxy methoxy benzophenone)	270~350
2.Dioxybenzone (Dihydroxy methoxy benzophenone)	250~390
3.Sulisobenzene (Sulphonic acid)	
4.Benzophenone-1	
5.Benzophenone-2	
6.Benzophenone-3(Eusolex 4360)	
7.Benzophenone-6	
8.Benzophenone-12	
其他具紫外線吸收功效的成分：	
1.Methyl anthranilate	260~380
2.Digalloyl trioleate	
3.2-Ethylhexyl-2-cyano-3, 3-diphenyl acrylate	
4.2-Ethyl-2-cyano-3, 3-diphenyl acrylate	
5.3-(4-Methyl benzylidene) camphor	
6.Butyl methoxy dibenzoyl methane (Parsol 1789)	

（三）常用的 UVA 吸收劑

1. Benzophenone-3

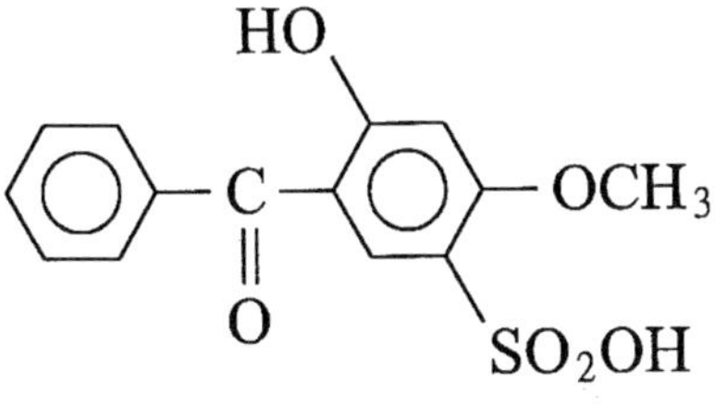

Hydroxy methoxybenzophenone(Benzophenone 3)

2. Benzophenone-4

3. Benzophenone-8

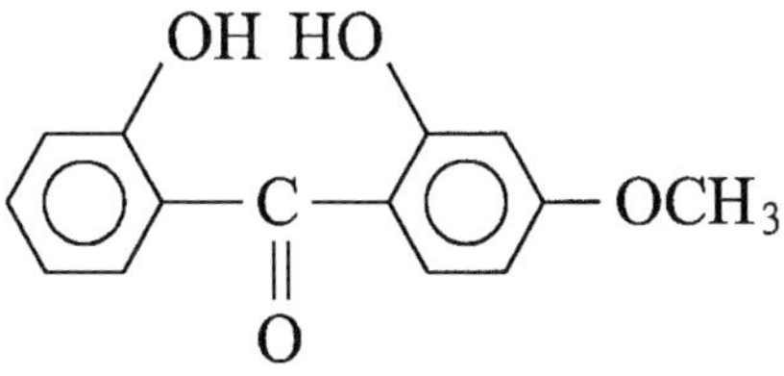

Dihydroxy methoxybenzophenone(Benzophenone 8)

4. Oxybenzone

5. Dioxybenzone

6. Sulisobenzone

7. Methyl anthranilate

8. Butyl methoxy dibenzoyl methane(Parsol 1789)

　　是目前被認為最有效的 UVA-1 的紫外線吸收劑，過去一直被 FDA 列為管制品，不得使用在化妝品中，不過國內早在 7~8 年前就已經使

用在防曬產品中了，由於 UVA 吸收劑的種類和效果缺乏，因此 FDA 在 1997 年取消其使用管制的限制，准許其添加在化妝品中。

（四）常用的 UVB 吸收劑

1. PABA

$$H_2N-\langle \bigcirc \rangle-COOH$$

Para aminobenzoic acid(PABA)

2. DEA-methoxycinnamate

3. Ethyldihydroxypropyl PABA

4. Glyceryl PABA

$$\begin{array}{c} H_3C \\ \diagdown N-\langle\bigcirc\rangle-\overset{O}{\overset{\|}{C}}-\underset{\underset{OH}{|}}{CH}-\underset{\underset{OH}{|}}{CH}-CH_2OH \\ H_3C \diagup \end{array}$$

Glyceryl PABA

5. Homosalate

6. Octocrylene

7. Octyl methoxycinnamate(Parsol MCX)

$$CH_3O-\langle\bigcirc\rangle-CH=CH-\overset{O}{\overset{\|}{C}}-O-CH_2-\underset{\underset{C_2H_5}{|}}{CH}-C_4H_9$$

Octyl methoxycinnamate(Parsol MCX)

8. Octyl salicylate

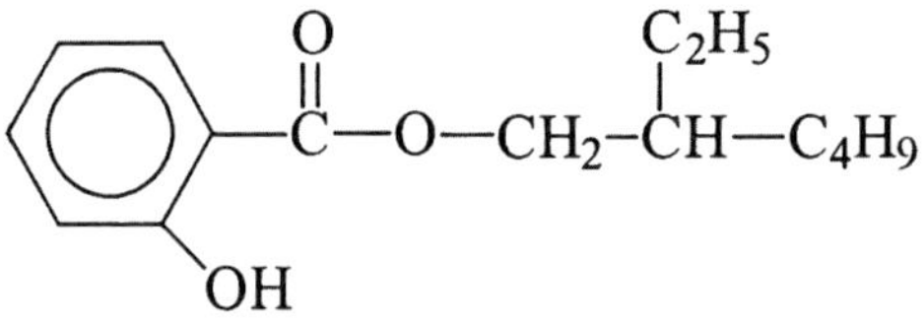

Octylsalicylate

9. Octyl dimethyl PABA

10. Phenyl benzimidazole sulfonic acid

11. TEA-salicylate

選擇防曬產品時應選擇使用刺激性較小的防曬劑較佳。有些防曬產品只做了一些簡單的標示如：含濾光素、含防曬劑(Sunscreen agent)、含紫外線吸收劑(UV-absorber)、含 UVA/B 濾光因子、含紫外線隔離劑等，購買時應注意。截至目前為止被認為具有刺激性的紫外線吸收劑有：

1. PABA(Para aminobenzoic acid)：

約在十多年前美國食品藥物管理局就經由民眾申訴調查統計，約有70%的人使用過含此成分的防曬產品後會產生過敏的現象，目前已禁令使用。

2. Octyl dimethyl PABA：

1990 年在 FDA 的統計中還高居全美防曬劑使用頻率的冠軍，不料，在 1992 年就發現它在照射紫外線後會分解出具有致癌性質的亞硝胺類化合物，且此種致癌物質可以被皮膚吸收。在 1994 年 FDA 的統計中顯示歐美的製造商已不再採用此防曬成分，但在其他地區依然有製造商使用。

3. Benzophenones（苯甲酮類）：

是目前最廣用的 UVA 紫外線吸收劑。可能會引皮膚的不正常反應，導致產生蕁麻疹、濕疹或光過敏現象。

備註：關於化學性防曬劑各國新的相關規定，請參考附錄 5c「救救珊瑚！帛琉 2020 年禁用「10 種化學物防曬乳」 違者最重罰 3 萬」。

（五）目前為止被認為較安全的紫外線吸收劑有：

1. 水楊酸鹽類(Salicylates)：

常用的有 Octyl salicylate、Homosalate、HMS 等，水楊酸鹽類具有高度的安全性，與一般化妝品原料的相容性極佳。

2. 桂皮酸鹽類(Cinnamates)：

主要作為 UVB 的紫外線吸收劑，常用的有 Octyl methoxycinnamate (Parsol MCX)。

3. 鄰氨基苯甲酸鹽類(Anthranilates)：

主要作為 UVA 的紫外線吸收劑，常用的有 Methyl anthranilate，很少造成皮膚刺激。

4. 天然物中含有的防曬成分：

天然物中含有許多具防曬功效的成分，由實驗分析顯示，以天然植物萃取液中的防曬成分加入配方中，與化學合成的防曬劑的防曬效果比較毫不遜色。可用的如：

(1) 繡線菊(Spirea ulmaria)中的水楊酸(Salicylic acid)，最有效的吸收波長為 308nm(UVB 區)。

(2) 山金車(Arnica)、蒲公英(Jaraxacum)中的桂皮酸衍生物(Cinnamic acid derivatives)。

(3) 山金車、甘草、金縷梅(Witch Hazel)、蜂膠(Propolis)中的二苯甲酮衍生物(Benzophenone derivativws)，最有效的吸收波長為 260~320nm（UVB 區）。

(4) 樟腦植物中的苯亞甲基樟腦衍生物(Benzylidene camphor derivative)。

(5) 甘菊(Chammomile)中的香豆素及其衍生物(Coumarin and derivatives)。

(6) 蘆薈(Aloe)中的蒽衍生物(Anthracene derivatives)。

(7) 金縷梅、金盞花(Calendula)、蜂膠中的單寧(Tannin)。

(8) 廣存於高山植物中的類黃酮(Flavonoids)，對 370nm（UVA 區）的吸收能力佳。

 三　美白化妝品

　　美白、除斑通常會被一併討論，人體的皮膚可能會由於先天性或後天性環境的影響產生色斑。先天性存在的色斑是指在胚胎期即孕育、出生後即定型的色斑，如：胎記、雀斑。後天性生成的色斑可能是由於體內的內在因素（如荷爾蒙改變）或是因外在環境不佳所引起的色斑，如：汗斑、曬斑、肝斑、老人斑以及妊娠斑等。美白與除斑並不完全相同，美白的作用是漸進式的，除斑則可以是暴力式、立即或分段完成的，最好由專業人員實施。

　　美白化妝品市場的競爭白熱化，各化妝品公司對美白的功效大肆宣傳。其實，美白化妝產品所能產生的作用是較為淺層的、後天性增生色斑，如曬斑，及大多數皮膚的色斑是無法用美白化妝產品處理的，消費者應多瞭解美白成分的作用機構，才不至於被誤導。

（一）皮膚常見的色素異常現象

1. 黑斑(Spots)：

　　屬於深層色斑，色素位於真皮上層或更深層，無法藉由美白產品改善。

2. 雀斑(Freckle)：

　　屬於遺傳性斑，自幼年發生可持續至中年，懷孕婦女的雀斑會加重，好發於鼻樑和兩頰，經日曬後也會加重色素。因屬於遺傳性斑，使用美白製品雖可適度淡化，但再發性高，尤其在日光強烈的季節。治療上只能消極的防範，無法根治。一般日間使用 SPF 15 以上的防曬產品，夜間用 Hydroquinone（可抑制黑色素生成）加 Tretinoin 軟膏（翠堤娜茵，是維生素 A 酸的外用藥膏，通常濃度有 0.05%和 0.10%兩種，可分散黑色素），另口服維生素 C 等方法可加以淡化。

3. 肝斑(Cholasma)：

　　發生於顏面和頸部，發生年齡介於 25～50 歲，又稱為褐斑，大多會呈現對稱出現在兩頰臉側，有時候看起來像展翅的蝴蝶，一旦生成會逐漸增加色素深度。肝斑的出現和肝臟的好壞無關，主要是因為肝斑的顏色與煮熟的肝臟類似而得名，會受到女性荷爾蒙以及日光中紫外線的影響使顏色加重，所以懷孕和吃避孕藥的婦女症狀會加重（又稱為孕斑）。肝斑發生的原因至今不明，僅能以體質或遺傳視之。

有 70%的肝斑色素位於表皮層，可以用美白化妝品改善，另有 30%的肝斑色素位於真皮層上層，難於以外用的化妝產品改善。一般日間使用 SPF 15 以上的防曬產品，若還有保濕作用更佳；夜間用 Hydroquinone 加 Tretinoin 軟膏，另口服維生素 C 等方法可加以淡化。越均勻的肝斑治療效果越佳，位於表皮層的肝斑約在 3 個月內可以看到明顯的改善。

4. 老人斑(Age Spots)：

指日光角化症、脂漏性角化症、日曬斑(Solar lentigo)等。老人斑的發生與體質有關，通常好發於中老年人，身體各部位都有可能會發生，並不侷限在臉部。老人斑會因日曬而加重色素沉澱的現象，治療時須視斑塊的厚薄而定，很薄的可以用 0.1%Tretinoin 塗抹，約 3 個月後可以脫落、不留痕跡，較厚的斑塊可利用電燒立即除去，一般美容醫學上會利用雷射、冷凍或化學換膚法，但需要專業醫師才能作這些服務，一般美白化妝品中的美白成分是無法對付老人斑的。

（二）美白產品的作用

由圖 6-1 黑色素生成的簡單途徑可以看出：增生型的黑色素是因為色素細胞中的酪胺酸酵素被活化，而導致黑色素形成的連鎖反應。酪胺酸酵素之所以會被活化，就是受到外來的紫外線和 X-射線等因素的影響，而紫外線可以經由日光得到。紫外線會先活化構成酪胺酸酵素的銅離子，被活化了的銅離子會再活化酪胺酸酵素的活動，一旦酪胺酸酵素被活化了就必然會生成黑色素。因此美白化妝品的美白抑制黑色素的作用方式可以是：剝離麥拉寧色素、氧化分解麥拉寧色素和阻止麥拉寧色素形成。前兩種方法直接、快速，但須考慮安全性，目前

美白配方中的美白成分主流較傾向於使用有機物抑制、阻止麥拉寧色素的形成。

由圖 6-1 可知美白產品中美白成分的作用機構可針對四個方向：

1. 黑色素的還原作用(Reduction action)：

黑色素由黑色素母細胞製造完成後會呈現氧化狀態，顯現出黑色，此時可用還原劑有效的將氧化狀態的黑色素還原成無色的還原形麥拉寧色素。常用的典型成分是維生素 C，特別是油溶性的維生素 C，如維生素 C 磷酸鎂(Magnesium Ascorbyl Phosphate, Vit.C-APM)。此機構的缺點是：氧化還原反應屬於可逆性反應，因此還原劑的作用具有逆轉性，若不持續使用，無色的還原形麥拉寧色素會自行緩慢的回復成氧化狀態的黑色。

2. 酪胺酸酵素的凝結作用(Coagulating action)：

是利用化學藥劑將主導黑色素生成的酪胺酸酵素凝結起來，使酪胺酸酵素失去活性而無法進行連鎖反應。許多的醣類、酚類都具有凝結酵素的作用。常用的典型成分如：對苯二酚(Hydroquinone)、杜鵑花酸（壬二酸，Azelaic acid）、熊果素(Arbutin)等。但不同美白成分間的安全性和有效性的差異大，須注意。

3. 銅離子的螯合作用(Chelate action)：

是利用具有如螃蟹般多爪結構的化學試劑，抓取在酪胺酸酵素活化過程中的必須物質－銅離子。銅離子可作為酪胺酸酵素的輔酶(Coenzyme)，若用化學試劑抓住銅離子，使其失去原有的活性，將可以有效的抑制黑色素的生成。常用的典型成分是麴酸(Kojic acid)，優點

是較無副作用，但可以此機構進行美白的成分目前較少，另有穀胱甘肽(Glutathion)。

4. 黑色素細胞的破壞作用(Destructive action)：

是斬草除根的方法，破壞黑色素母細胞，使細胞結構改變，以達永久性的局部美白效果。常用的典型成分是對苯二酚(Hydroquinone)，藉由對苯二酚會產生半醌(Semiquinone)的自由基，破壞細胞膜、改變黑色素的結構。此機構的缺點是：黑色素母細胞被破壞後無法再生，常會造成局部白斑的現象，此外，會破壞母細胞成分的物質，對皮膚的安全性也令人質疑，常會因為使用濃度不當或長期使用導致皮膚病變，是相當危險、不智的做法，須慎行。

（三）美白產品的成分

美白成分的研究開發自 70 年代起至今，從早期的含汞化合物、對苯二酚、到目前的杜鵑花酸、麴酸、熊果素、甘草萃取液等，各成分的作用機轉和效果，消費者應多瞭解，以作為選購產品時的參考。

1. 含汞化合物(Mercurous compound)：

是危險、含劇毒的美白劑。其美白方式是：可以凝結酪胺酸酵素，破壞黑色素細胞。在美白製品中添加的含汞化合物氯化亞汞（甘汞，Hg_2Cl_2），常被作成珍珠膏等粉底霜，塗抹在皮膚上會滲透皮膚，與表皮層的蛋白質結合，凝結酪胺酸酵素，使酪胺酸酵素的活動力受阻，可迅速減少黑色素的生成。具有凝結、破壞雙重功效，因此會快速美白。但汞是重金屬，易滲入皮膚中與脂肪酸生成不溶性的鹽類，沉積在表皮上，生成汞斑症。

　　一般而言，含汞的美白製品是被禁止製造的，但仍有不肖廠商或鄰近的東南亞國家（並未落實含汞化妝品的管制）以製成珍珠膏的粉底製品銷售，選購時應特別注意。

2. 對苯二酚（金雞鈉酚，氫醌，Hydroquinone）：

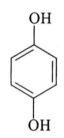

　　發現自金雞鈉樹，可以算是天然成分，但副作用多，對皮膚可能具有刺激性、過敏性、常引起皮膚發紅；產生紅斑後，就算停止使用，紅斑也要一兩個星期才會褪掉，也曾經引發白斑症。在先進國家和國內的化妝品中是被禁止使用的，在醫藥用品中的使用濃度範圍介於 2～5%，濃度超過 5%時將會引起皮膚吸收的全身性作用，引起白斑症。

　　對苯二酚有懼光性，在工業上可以作為黑白相片的顯影劑，可以溶於酒精和水中，本身是酸性物質，在鹼性的環境中不安定，接觸空氣時很容易會被氧化成為棕色，雖然化妝品中禁用，但卻是皮膚科醫生的最愛，因為對苯二酚的美白方式也是具有凝結酪胺酸酵素和破壞黑色素細胞的雙重作用，因此可以快速美白。

3. 維生素 C（Vit.C，抗壞血酸，L-Ascorbic acid）：

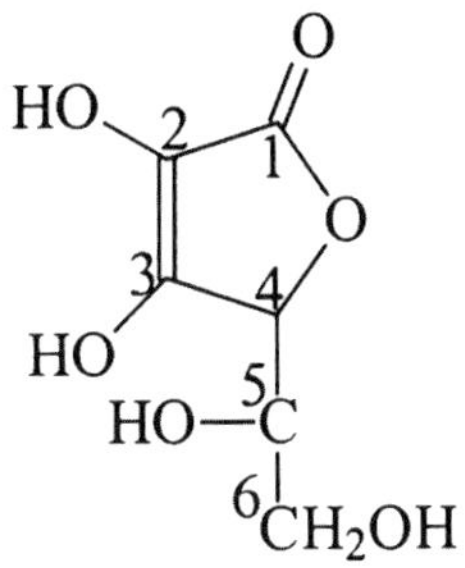

　　是最早被醫藥界肯定的安全、有效的口服美白劑，若需達到美白功效，每天須口服 1,000mg 的 Vit.C。主要是利用 Vit.C 會將黑色素還原成無色的方式來美白，但對於已經形成的斑點很難單獨靠口服維生素 C 來達到足夠的血液中的濃度，而且，長時間高濃度的服用也會造成胃部不適，但若濃度不足，還原型的黑色素將會逆轉回氧化型的黑色素，因此，若想藉由口服維生素 C 來達到淡化色斑和美白的功效，須長期保持血液中有足夠的濃度，且不能間斷。維生素 C 若服用過量（一天超過 5 克），將會導致腹瀉和甲狀腺機能失調。

　　一般的維生素 C 是水溶性的，對皮膚的滲透性差，只能作用到角質層，且接觸到空氣後極易氧化變質，若要加在塗抹用的美白產品中作為美白成分，大多須再與金屬（如：Na、Ca、Mg...等）結合，或與磷酸鎂、磷酸鈣結合，則可生成酯鹽類的脂溶性維生素 C，或稱為外用維生素 C，如常用的維生素 C 磷酸鎂(Magnesium Ascorbyl Phosphate,Vit.C-APM)。

　　在乳液或面霜中必須加入脂溶性的維生素 C，才能滲透到較裏層的皮膚，進行還原美白作用。也有一些產品是將維生素 C 粉末裝在小瓶或膠囊中，等要作用時再打開與乳液或化妝水混合使用，如此可以

保存維生素 C 的新鮮度，以達到應有的還原能力。維生素 C 不論口服或外用都是很安全的美白成分，對強化身體的免疫系統也有一定的貢獻。

4. 杜鵑花酸（壬二酸，Azelaic acid）

$$HCOO(CH_2)_7COOH$$

稱為杜鵑花酸只因其化學名稱與杜鵑花(Azelea)相似，事實上與杜鵑花毫無關係。是這幾年在醫學美容界和沙龍中相當愛用的美白成分，美白的方式是凝結酪胺酸酵素，美白的用量是 20%。經體外實驗證實杜鵑花酸確實有抑制黑色素形成的作用，在美容醫學上作為消褪因色素沉澱所造成的黑斑，和其他美白成分比較，最大的優點是即使經由口服也不具毒性，安全性高，但美白功效並不如其他成分。主要具有制菌作用，根據資料顯示：杜鵑花酸治療粉刺的效果是 100%，治療丘疹、膿疱的效果是 65%，因此多用於抑制青春痘發炎的藥膏中。

5. 熊果素（熊果苷，Arbutin, Ursin，補黑素）：

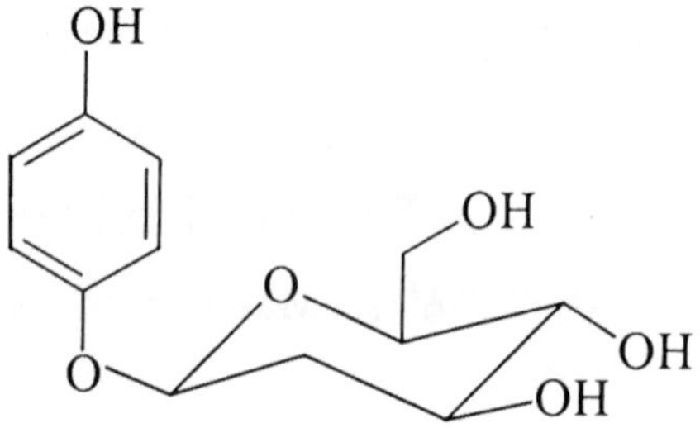

是金雞鈉酚（對苯二酚）的衍生物，是由越橘科植物、熊果葉中萃取得，屬於酚類配醣體(Phenolglycoside)。美白方式是抑制酪胺酸酵

素的活化、破壞黑色素細胞，須添加 2%以上效果較佳，通常可加 3~5%。因為結構式中含有葡萄糖分子，因此刺激性比對苯二酚小，較為溫和、安全，少有皮膚過敏的現象發生。作用機構是：利用先在皮膚上水解生成葡萄糖與對苯二酚來抑制酪胺酸酵素的活動，進而達到美白的效果。

　　美白製品中最早使用熊果素的廠商是資生堂，目前已經是幾乎各個廠牌都強調、有添加的、相當流行的美白成分了。熊果素和對苯二酚相同的是也很懼光，所以在配方中還必須加入相當高濃度的紫外線吸收劑，才能保證在白天使用不會變質，也因此，產品的防曬能力有可能會高過單純訴求防曬的產品。但夜晚用的晚霜則不須考慮此點，只需加入如維生素 E 等的抗氧化劑以防止其氧化變質，並捕捉因日曬而產生的過氧化自由基即可。

6. 麴酸(Kojic acid)：

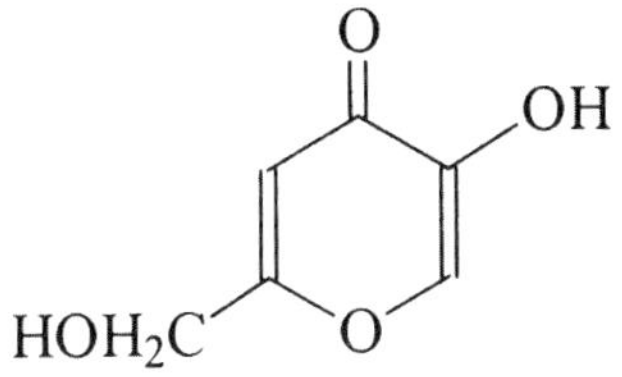

　　因麴黴屬(Aspergillus)子囊菌的作用而由碳水化合物生成（麴酸醱酵），最早發源於日本清酒釀造業，由米麴菌屬的麴菌分泌物萃取出的成分，具有抗菌作用，在醱酵過程中能夠抑制其他微生物和雜菌的生長繁殖。因來源為麴菌，使用時無安全上的疑慮，是一種兼具抗菌性的天然美白劑。主要的美白方式是可以螯合銅離子，使銅離子去活化、而無法活化酪胺酸酵素。使用上並沒有特定的限量，但在製作化妝品

時會因為麴酸的不穩定導致產品變色，因此配方中還須加入相當多的抗氧化劑和紫外線吸收劑。是一種兼具有良好的抗菌性、能抑制微生物生長，對人體及皮膚安全性高的美白成分。

7. 穀胱甘肽(Glutathione)：

$$H_2N—\overset{\displaystyle \overset{H}{|}}{\underset{\displaystyle \underset{COOH}{|}}{C}}—CH_2CH_2—\overset{\displaystyle \overset{O}{\|}}{C}—\overset{\displaystyle \overset{}{N}}{\underset{\displaystyle \underset{H}{|}}{N}}—\overset{\displaystyle \overset{CH_2SH}{|}}{\underset{\displaystyle \underset{H}{|}}{C}}—\overset{\displaystyle \overset{}{C}}{\underset{\displaystyle \underset{O}{\|}}{C}}—NHCH_2COOH$$

是含有硫氫基(-SH)的胺基酸，屬於三肽(Tripepyide)類。存在於多種動植物體內，以植物酵素的含量最豐富，結構式中的硫氫基會制衡酪胺酸酵素，減緩黑色素的生成速度。

這類得自天然植物又不具毒性的美白成分是化妝品界的新寵，同時也是很好的抗氧化劑，和維生素 E 相同，也可以捕捉自由基，是兼具抗氧化與美白雙重效果的美白成分。目前，富含穀胱甘肽的啤酒酵素也是相當受重視的營養食品。

8. 胎盤素(Placenta)：

胎盤素是從動物胎盤中抽出的成分，並不是單一成分，其中含有胺基酸群、酵素群、維生素群、激素群、DNA 和微量元素以及礦物質等。雖經臨床實驗證實胎盤素確實具有美白的功效，但其美白的方式、機構卻仍不明確，許多強調美白的、高價位的產品中都會添加胎盤素來作為美白的成分。又因所含成分都具有使細胞復活的作用，所以被美容界冠以「反老還春仙丹」的美名。

　　與其說胎盤素具有美白和淡化斑點的作用，倒不如說是因為胎盤素具有活化細胞和增強色素代謝的能力，因此改善了皮膚細胞的生理功能，使得皮膚細胞代謝正常化所致。臨床上還具有改善皮膚粗糙、老化、皺紋等功效，屬於活化細胞、促進細胞代謝的美白助劑。但近年來受到狂牛病、愛滋病(AIDS)和動物保護運動的影響，使得美容醫藥界致力於尋找以植物中萃取的類胎盤素取代動物性胎盤素的可能性。

9. 甘草萃取液(Licorice extract)：

　　甘草(*Radix Glycyrrhizae*)為豆科植物甘草(*Glycyrrhiza uralensis Fisch*)的根和根莖。產於蒙古、四川、山西、陝西、甘肅、青海、新疆等地，以河套地帶產的甘草品質最佳。是一種解毒抗炎物質，內服有強化肝臟解毒的功能。內含甘草甜素(Glycyrrhizine)，又稱為甘草酸(Glycyrrhizinic acid)，和其鉀鹽、鈣鹽。甘草酸被人體吸收後會在肝臟中分解成具有很強的抗菌作用的甘草次酸(Glycyrrhetinic acid)，以及具有解毒作用的葡萄醣醛酸(Glucuronic acid)。甘草中還含有很多黃酮類的成分，如：甘草醣苷元(Liquiritigenin)、異甘草醣苷元(Isoliquiritigenin)、甘草醣苷(Liquiritin)、異甘草醣苷(Isoliquiritin)、和甘草黃酮等，其中的甘草黃酮類具有溫和抑制酪胺酸酵素的功能，可以協助美白。由生化在體外細胞培養實驗中發現：甘草萃取液有其他美白成分所沒有的細胞修復的現象，因此甘草萃取液在美白產品中是以搭配其他美白成分的方式，發揮本身消炎、細胞修復的功效來間接協助美白的。

10. 桑椹萃取液：

　　是目前使用較廣的植物萃取液，一般認為是以凝結酪胺酸酵素的方式達到美白的功能，但其中真正具有美白功效的成分仍在探討中，

因取自於天然，因此認為安全性佳，是目前美容業界極推崇的天然美白成分。

11. 果酸：

屬於間接協助美白，主要是可以促進角質細胞代謝，在臨床上是針對過厚的角質問題作局部處理，濃度高時可做為剝皮劑（即美容醫學流行的果酸換膚），詳見第 7 章。

此外，中醫藥中也採用白芷、甘草、核仁、當歸、綠豆粉和檀香等粉末調和成為美白洗面劑或敷面劑。

備註： 最新可使用美白成份和劑量，詳見附錄 12「衛福部核准使用的之 13 種美白成分」。

四 抗老化化妝品

抗老化保養品與年輕肌膚使用的保養品在功能上有相當多的不同，對於細胞的再生能力已經明顯退化的老化肌膚，除了還須重視防曬、美白、或簡單的角質層保濕外，還須能夠積極的解決皮膚乾燥缺水、代謝緩慢、缺乏膠原蛋白、彈力蛋白無法再生，以及免疫系統功能減退等問題。

使用化妝品是否真能達到抗老化的功效不得而知，但是，經由新成分不斷的開發、高效能傳送載體的利用及生化技術之引進，將使其功能逐漸提升，若使用得當，雖然不能阻止老化，卻應該可以有效的延緩皮膚的老化和皺紋的產生，也因此，化妝品界對於抗老化保養品仍然相當積極的投入研究中。

皮膚老化的原因大致可以分成內在遺傳基因和外在環境影響來探討：

1. 內在遺傳基因的影響：

是指由於年齡的老化導致的自然生理老化；包括皮膚中的膠原蛋白、彈力蛋白、細胞間脂質等，都會因為年齡的增加而減少，且再生能力也會減弱，使得皮膚的皮脂分泌減少、皮膚變薄、變乾燥、彈性組織退化、皮膚萎縮。

2. 外在環境的影響：

主要是指光老化(Photo aging)；因紫外線會使得膠原蛋白變性、皮脂膜分泌失調、氧化自由基增多等，傷害健康的細胞，使得皮膚可能會產生色素沉澱、出現皺紋，甚至引發各種皮膚病變。

因此可知老化是身體機能由內而外同時發生的，所以抗老化也應內外兼顧。內部可以做的是一般的養生之道，包括：養成良好的飲食和生活習慣（早睡早起、不暴飲暴食、不熬夜）、不多吃刺激性食物、不吸菸（因尼古丁會促進生成自由基）、不喝酒、多運動、補充綜合維生素、多喝水……等，以加強代謝循環的正常化，強化免疫系統。外在可以做的包括：徹底清潔肌膚、防曬、使用抗老化化妝保養用品。

一般抗老化產品的抗老化功效好壞並不在於所添加的抗老化成分的種類多寡，而是在於使用者的肌膚缺少什麼？如何促進皮膚吸收產品中所添加的、皮膚實際上缺乏的物質才是主要的關鍵。因此，真正的抗老化產品不僅要注重抗老化的成分，更需要注重的是：要有功能極佳的傳送載體，能夠將有效的活性成分傳送到皮膚的內部，才能真正達到讓皮膚確實吸收以延緩皮膚的老化的功效。也因此，要抗老化，

當然要先瞭解健康的、可以抵抗外在環境變化的皮膚組成（見第 2 章），才能以「缺什麼、補什麼」的方式來延緩皮膚的老化。

（一）常見的抗老化成分

1. 維生素 A 酸(Retinoic acid, RA)：

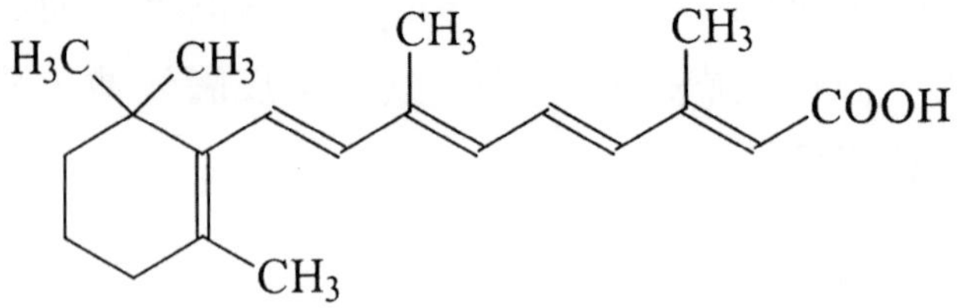

自 1988 年 Weiss 等人發表了維生素 A 酸可以改善老化肌膚的粗糙和細小的皺紋後，就開啟了化妝品抗老化的新世紀。維生素 A 酸又稱為視黃酸，原是醫界用來治療青春痘、面皰、促進表皮角化的細胞分裂正常的藥品，後來又發現也可以改善因光老化而引起的皮膚粗糙、皺紋和色素沉積，消費者遂為之驚艷，爭相搶購使用，但也造成了紅腫、脫皮、刺痛等副作用。

維生素 A 酸在皮膚上的功用有：改善毛囊口角化，增進表皮細胞更新、促使角質層變薄、顆粒層和棘狀層增厚、減少黑色素顆粒堆積，並可刺激膠原蛋白生成、減少彈力蛋白變性、促進新血管形成和血液循環等。總而言之，維生素 A 酸可以改善皺紋、減輕色斑、促進血液循環、收斂毛孔、減少皮膚角化異常。但因對皮膚具刺激性等副作用，因此衛生福利部規定無論添加濃度多寡一律以藥品申請，並不可輸入或製造含有 A 酸的化妝品，因此製造商多以其他維生素 A 的衍生物替代。

　　抗老化保養品中的維生素 A 酸是酯化過的、油溶性的棕櫚酸視黃酯(Retinyl palmitate)，可經由皮膚吸收後，再代謝轉換成維生素 A 酸。經由平均年齡 51 歲的 20 人臨床實驗證實、使用 3 個用後：皮膚的厚度平均會增加 31%，停用 1 年後仍可維持增加 25%的效果；皮膚的彈性平均會增加 18%，停用 1 年後彈性可增加至 24.3%，因此，只要使用得宜，維生素 A 酸確實可以改善皮膚彈力纖維的再生能力。缺點是：維生素 A 酸怕光，使用時應避免日曬，另外，有部分人會在使用過久後產生皮膚炎的副作用，須注意。

2. 神經醯胺(Ceramide)：

　　結構式可參考第 2 章。含量約占細胞間脂質的 43～46%，是細胞間脂質中比率最高且最重要的成分。從表皮細胞製造生成後會暫存於顆粒層細胞內，且會在有需要時自動釋出於角質細胞間，以形成完整的角質層的阻隔系統。但神經醯胺會隨著年齡增加，母細胞的新陳代謝能力降低而減量，形成補給失調的現象，使得角質細胞也會因為皮膚老化而變得粗大，形成連結不佳的狀況，皮膚就會顯得乾燥、粗裂了。此時若能補充因老化而不足的神經醯胺，將能有效的改善角質細胞的黏合力，使細胞再次緊密結合以減低皮膚中水分的散失，改善皮膚乾澀、破裂的現象；可以迅速增加皮膚的水合功能，達到保濕的作用，從而獲得具有較佳彈性的膚質外觀，有效的減少皺紋深度。

　　神經醯胺屬於生化萃取成分，是由神經醯胺醇(Sphingosine)、脂肪和糖共同連結成的脂體。目前以神經醯胺為名而添加在抗老化產品中的成分有：神經醯胺(Ceramide)、醣鞘脂質(Glycosphingolipid)以及神經鞘脂質(Sphingolipid)三種，其中神經鞘脂質存在於各種哺乳類動物體內，且集中在脊椎和腦部，是神經醯胺的前驅物，與糖連結後就是神經醯胺。

3. 胎盤素(Placenta)：如美白部分所述。

4. 醣醛酸（玻尿酸，Hyaluronic acid, HA）和質酸（黏聚醣，黏多醣體，Mucopolysaccharide, MPS，詳細介紹可參考附錄 4「玻尿酸簡介」）：

　　皮膚的表層是以脂溶性的神經醯胺為重要的阻隔成分；唯有真皮層含有充足的黏液質才能讓皮膚真正顯現出具有彈性之美。化妝品中常用到的真皮層的黏液質包括：醣醛酸、黏多醣體、硫酸軟骨素(Chondroitin sulfate)和醣蛋白(Glycoprotein)四種。其中的醣醛酸和質酸又因具有高度的保濕能力，而成為保濕化妝品中高貴的原料。

　　醣醛酸又稱玻尿酸或玻璃醣醛酸，結構式請參閱第4章，屬於水溶性的多醣體，可以吸收自身重量約400倍的水分，質酸則可吸收約自身重量300倍的水分，兩者對肌膚的作用大致相同。嬰兒體內的醣醛酸含量約為老人體內的3～4倍，在人體內的作用是要維持表皮結締組織的細胞間質的水分，好讓皮膚看起來水噹噹且有彈性。保濕效果佳，不易受環境溼度影響而改變含水率。原取自於小牛的氣管、眼睛的玻璃體、公雞的雞冠或人類臍帶的萃取物，目前則多改用生化技術，用動物表皮層中的鏈狀球菌經醱酵得。缺點是保濕效果不長，實驗證明：使用1小時內保濕率約107%，3小時後會降至51%。

5. 果酸：詳見第 7 章。

6. 去氧核醣核酸(Deoxyribonucleic acid, DNA)：

　　去氧核醣核酸是生物體內的遺傳分子，由大量的去氧核醣核苷酸(Deoxyribonucleotude)所組成。DNA 中的嘌呤鹽基和嘧啶鹽基(Purine and pyrimidine bases)攜帶著遺傳訊息，糖和磷酸鹽基則是執行結構的

角色。DNA 存在於細胞核內，在生物體內有兩大功能：一是要複製相同的 DNA，好讓舊的細胞核分裂產生新的細胞核，再依照 DNA 的指令作出新的細胞。二是要合成蛋白質；同樣的是要依照 DNA 的指令、再交由 RNA（核糖核酸，Ribonucleic acid）執行任務，控制蛋白質的合成，體內 DNA 的機能衰退，將導致蛋白質的合成速度減緩。

$$DNA \xrightarrow[\text{transcription}]{\text{轉錄}} RNA \xrightarrow[\text{translation}]{\text{轉譯}} Protein$$

造成 DNA 機能衰退的原因主要是隨著年齡的增加，DNA 本身的合成活力會自然的下降。其次是因為外在的紫外線和髒空氣的影響。由於紫外線的高能量會導致自由基增生，這些不穩定的自由基將會攻擊細胞膜、破壞細胞核，誘發 DNA 的分子鏈斷鏈，形成缺口，在情況不嚴重時，人體會自動產生酵素來修補缺口，一旦過度曝曬、使過度斷鏈、缺口過多而無法修復，將會使得細胞的再製工程生變。缺乏 DNA 時，皮膚會因為無法補給新生的細胞而老化，換言之，DNA 可以喚醒皮膚細胞的生理活性、使恢復正常的機能運轉，所以 DNA 是最直接的細胞復活劑。

經臨床證實：塗抹含有 DNA 的保養品，可以促進細胞核分裂，且細胞有增殖、腫大的現象，連結塗抹兩天後，原先乾燥的皮膚會變得柔軟、有彈性；老化的肌膚會有明顯的彈性和光澤的出現，皺紋也會改善。

DNA 因得自於生物體（如：魚的精液中），對肌膚較無副作用，可安心使用，但價格高昂。

7. β-Glucan(Nayad,1,3,-Glucan, CM-Glucan)：

是酵母細胞壁萃取液中的成分之一，並經羧甲基化後的水溶性製品；是一種由葡萄糖組成之多醣體，可以活化巨噬細胞，產生細胞分裂素及表皮細胞生長因子；可以增進皮膚免疫系統的防禦能力，以及表皮傷口修復的功能；又因表皮細胞生長因子增生後、可以加速膠原蛋白和彈力蛋白的再造，因此可以有效的改善皮膚的彈性和皺紋。因為是來自於酵母菌細胞壁的多醣體，所以很適合當作保養品中的抗老化和保濕劑。也有由植物聚合的多醣體如 OAT β-Glucan（取自燕麥），結構簡單，分子量與醣醛酸相似，保濕效果極佳。

8. 自由基捕捉劑：

自由基(Free radical)是目前被醫學界和美容界公認的會使人致病和老化的元兇，使得具有捕捉自由基功能的抗氧化劑受到相當程度的重視。早在 1950 年就有人提出以自由基理論探討老化的成因，經數十年反覆的實驗印證終於在 20 世紀末 21 世紀初，順利的確立其在化妝品中神聖的地位。

自由基是影響人類健康的危險因子，會伴隨人體內各種代謝反應產生。正常的生物體內具有可以制衡自由基的成分，但當這些防禦成分不足、或體內自由基不正常增生時，過多的自由基就會破壞細胞正常的生理功能。

人體中的自由基是指含氧自由基（或稱為活性氧）；由於帶有一個未成對的電子、所以是非常不穩定的分子。在正常的情況下，自由基在體內是可以保護身體免於受細菌等有害微生物的侵襲。但是目前由於生活環境惡化；如：空氣污染、水污染、農藥污染、食品添加劑的

濫用、化妝品中的添加物……等，都是造成體內活性氧失去控制、濃度不合理增加的原因。人體中的自由基防禦成分是超氧化歧化酵素(Superoxude Dismutase, SOD)。當體內活性氧濃度不斷的增加，使得具有防禦制衡能力的 SOD 來不及清除，活性氧就會傷害正常的細胞，導致癌症、高血壓、糖尿病、腦中風、動脈硬化等文明病產生，危及健康。

會導致皮膚活性氧增加的主要原因是紫外線和髒空氣，尤其是紫外線。根據實驗：在陽光下連續照射 45 分鐘，皮膚中的自然抗氧化能力會喪失 60～70%。當皮膚的抗氧化能力降低、SOD 減少後，若紫外線仍不斷的侵入皮膚裏層，使皮膚的脂質氧化，就會生成過氧化物。不論是脂質、自由基或過氧化自由基都屬於活性氧，再經過一段時間的曝曬後都會傷害到表層的皮膚；而當皮膚處於發炎、紅腫、起水泡等情況下，活性氧會再傷害基底層的細胞、破壞真皮層細胞的正常生理功能，皮膚也就會老化了。

自由基捕捉劑的價值對角質層而言，在抵抗自由基減少對細胞破壞的同時、能有效增強角質層的障壁功能，使具有較佳的保濕水合能力。對皮脂腺而言，在抵抗自由基干擾破壞的同時、可以減少發炎、抑制痤瘡桿菌再分泌解脂酵素，達到調理皮脂分泌、減輕痤瘡症狀的功能。對黑色素細胞發源地的基底層而言，在抵抗自由基破壞正常細胞的同時、能有效降低黑色素增生的外在誘因、穩定黑色素母細胞、達到幫助美白的效果。對網狀層而言，抵抗自由基攻擊細胞膜可以保護纖維母細胞正常的生理運作功能，可以順利產生新的彈力細胞，維持網狀層纖維的彈性，達到防止皺紋生成的效果。

　　添加在化妝品中的自由基捕捉劑主要是指抗氧化劑，又可以分成酵素型和非酵素型。

酵素型包括：

(1) 超氧化歧化酵素(Superoxide Dismutase, SOD)：

　　分子量約 35,000~40,000，對酸、鹼和溫度都很敏感。

(2) 高海藻歧化酵素(Super Phyco Dismutase, SPD)：

　　從海藻中提煉出，分子量約 8,000~9,000，可以順利滲透入皮膚，對酸、鹼和溫度都比 SOD 穩定。

(3) 穀胱甘肽超氧化酵素(Glutathione peroxidase, GSHPx)。

(4) 穀胱甘肽還原酵素(Glutathione reducatase)。

(5) 觸酶（過氧化氫酶，Catalase）。

非酵素型包括：

(1) 維生素 E：

　　分子量 430，在空氣中安定，易加入化妝品中。

(2) 維生素 C：

　　分子量 176，在空氣中不安定，很少直接加在化妝品中當作抗氧劑，口服效果較佳。

(3) 穀胱甘肽(Glutathione)。

(4) LML(L-Lysine laurylmethionin)：

具胺基酸結構，分子量 478，中性物質，抗脂質過氧化物的能力比維生素 E 強。

這些自由基捕捉劑在醫藥界（利用口服或注射的方式，同時要克服某些分子口服後會被胃液分解的技術問題）和化妝品界（利用塗抹的方式，同時要考慮分子的大小以及加入製品中活性的保存等問題）都各自研發出可以有效發揮效果的劑型。通常分子越小，經皮吸收的效果越好，又因酵素型的抗氧化劑對酸鹼會較敏感，保存也較須技術，因此一般的保養品多以非酵素型的抗氧化劑為主。

酵素型自由基捕捉劑雖然在加入化妝品中的技術和吸收途徑仍有待突破，但臨床試驗證實其效果優於非酵素型，且生化成分是未來化妝品成份的趨勢，相信不久的將來必能克服技術上的障礙，襲捲世界。

（二）抗老化成分的傳送載體

不論是營養或活性成分、若無法順利的被皮膚吸收，添加、塗抹得再多也是毫無意義的。皮膚越是健康、抵抗外來物質（如：化妝品）的能力就越強，化妝品的成分絕大多數都會被皮膚的障壁視為外來的異物而阻絕在表淺層。因此，如何能順利的將這些有效的成分（尤其是親水性的成分，若無適當的傳送載體保護，通常只能吸附在角質層，無法被進一步的利用）傳送到較裏面的表皮層甚至真皮層中，使發揮應有的功效，就是使用傳送載體的主要目的。目前常用的傳送載體如下：

1. 微脂粒(Liposome)：

是指脂質體，又稱為磷脂囊，是由磷脂質聚集而成的空心球。將其分散在水中、磷脂質會自動形成小囊狀的結構；在這個小囊的裏、外雙面都具有親水性、而夾層則是具有疏水性的脂雙層結構。使用時可以將水溶性的活性成分裝填於內層，將油溶性的成分裝填於夾層中。

微脂粒是英國的科學家 Banham 於 1961 年實驗時以磷脂質作測試、發現含有磷脂質和水的燒瓶內突然產生很細微的小泡，經分析後證實這些小泡是由磷脂質所組成的脂雙層構造中包夾著少量的水分，後由 Sessa 和 Weissmann 正式命名為微脂粒。

磷脂質的化學構造

構成微脂粒的磷脂質(Phospholipid)是人類表皮內生物膜的主要成分，與皮膚和其他組織都能相容、無過敏性、且會自動生物降解為磷脂質。磷脂質可與角質蛋白結合、可被皮膚吸收，有加強皮膚保水力、協助細胞修復的作用。化妝品中使用的微脂粒平均粒徑約 20～1,000nm 之間（依各家製造商和用途不同而不同），大小約皮膚細胞的 1/300，有多層球體(Mutilamellar vesicle, MLV)、單層小球體（Small unilamellar vesicle, SUV，平均粒徑約 350nm）和單層大球體（Large unilamellar vesicle, LUV，平均粒徑約 630nm）三種型態，可以輕易的通過表皮層間的間隙達到真皮層，再將所攜帶的活性成分緩緩的釋放出來，使活

性成分能維持較長時間發揮作用。微脂粒之所以會「緩緩釋出」內部包裹的活性成分是因為：在滲入皮膚內層後，前後產生的溫度變化，以及生物體內的酵素作用，會使磷脂質逐漸的改變結構，而釋放出所攜帶的物質。

有了微脂粒的傳送載體，先前一些無法經皮吸收的活性（如機能性）成分，如：生化成分的胎盤素、神經醯胺，維生素 C，抗氧化和保濕……等有效成分，都可以包在微脂粒中，送達細胞內部，發揮各成分最大的功效。

2. 小微粒(Nanopartical)：

是由單層的磷脂質聚集而成的空心球，類似單層的微脂粒，小微粒的外層具有親水基，內層則為疏水的結構，主要用來裝填油溶性的活性成分如：維生素 A、D 和其他營養用油等。被包覆的成分除了可以被有效的傳送至皮膚的較裏層、改善利用率外，也可以提高成分本身的化學安定性。小微粒是一種安定的水包油粒子，可以防止粒子因任意碰撞而結合，因此製成的乳液十分安定。

3. 微膠囊(Microcapsule)：

是直徑約 2～1,000μm、殼厚度約 0.5～150μm 的小膠囊，具有與微脂粒相似的優點，能有效的輸送活性成分並控制釋放時間，但其釋放方式須經一些如壓、磨、推等的機械力使殼壁破裂，即須靠使用者藉由按摩的方式來釋出活性成分。

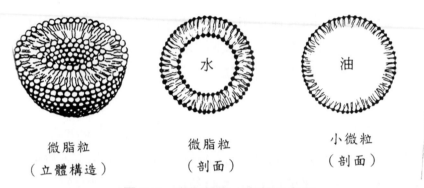

微脂粒　　　　　　微脂粒　　　　　　小微粒
（立體構造）　　　（剖面）　　　　　（剖面）

圖 6-3　微脂粒與小微粒示意圖

（本圖引自：張麗卿編著：化粧品製造實務，台灣復文書局，1998）

4. 液晶(Liquid crystal)：

　　一般的凝膠保養品除了透明的外觀基劑外、還會摻雜一些類似螺旋狀或珍珠狀的凝球、以提升產品外觀的質感，這些凝球就是液晶，是結晶狀態的液體，可以反射光線，可利用不同比例的液晶混合來產生不同的光澤。

　　常用的膽固醇型液晶(Cholesteric liquid crystal)是由膽固醇脂肪酸酯和膽固醇鹽類混合而成，改變兩者的比例、將會呈現出不同的顏色變化。膽固醇型液晶因為不會溶解在水性的凝膠中，因此可以懸浮的狀態固定存在凝膠狀的化妝品內，經由入射的光線來產生特殊的光學效果。此外，液晶還可以包覆油溶性的活性成分，可以有效維持活性成分的安定性、使其免於氧化、光解，同時具有緩慢釋出活性成分的作用可以延長化妝品訴求的功能，特殊的外觀也可以增加產品的附加價值。

5. γ-環糊精(γ-Cyclodextrin)：

利用環糊精轉移酶(Cyclodextrin transpherase, CGTase)和澱粉作用、可以得到由 8 個 D-glycopyranose 以 α-1,4 配醣體鍵結合而成的、皇冠狀的環狀化合物-γ-環糊精。冠狀結構外側排列著親水性的羥基(-OH)、內側則是親油性的基團，因此 γ-環糊精可以當作傳送脂溶性活性成分的載體。

6. 多孔性高分子系統(Porous polymeric system)：

多孔性的球狀尼龍微粒(Nylon particle)能夠增進化妝品對皮膚的觸感和吸收性；將活性成分注入微粒中可以達到活性成份的保護與緩釋、使活性成分慢慢被肌膚吸收。

另外，若要快速改善及撫平皺紋，使人看起來年輕，目前也流行注射肉毒桿菌來麻痺行為神經，但無法持久，約每隔半年就須注射一次，且價格昂貴，決定注射前須考慮清楚。

果酸和 B 柔膚酸

一、果酸和 B 柔膚酸

一 果酸和 B 柔膚酸

果酸又名 α-羥氧酸(Alpha hydroxy acids, AHAs)，是一群化學結構相近、都具有 HO-C-COOH、且羥基(-OH)都在 α-碳位置上的化合物。

果酸是在 1970 年從果汁和酸奶中被發現，早期是用來調整化妝品的酸鹼值和當作保濕劑，1974 年美國的史考特醫師等人(Dr. Eugene J. Van Scott & Ruey J. Yu)發現水果酸的特殊功效，並於 1976 年申請專利，主要是在皮膚科門診中、用來調理乾性肌膚、治療青春痘、以及因年齡增加所導致的色斑淡化、去除，後經更多的研究發現果酸對更新老化角質、減少皺紋、淡化色斑和改善乾燥肌膚的效果都不錯，也因此從 1990 年起化妝品市場上開始有含有果酸的產品問世，1992 年初，雅芳(Avon)公司推出了含有 4%甘醇酸的 Anew 系列產品，1992 年秋天相繼有 Arden、Clinique、Chanel、La Prairie、……等國際知名的化妝品公司推出相關的果酸產品，使得果酸成為 90 年代化妝品界最閃亮的明星，衛生福利部公告：含果酸及相關成分的化妝品其 pH 值不得低於 3.5。

果酸的性質和作用的主要差異決定於結構式上的 A 和 B 的不同，A、B 可以接親油性的烷基或親水性的官能基，市面上通用的果酸製品是以小分子、親水性的果酸為主，其中有一部分常用的有機酸，在化學結構上認定並不屬於果酸，但仍常搭配果酸一起使用（如：焦葡萄酸、醋酸等）。

　　親水性果酸分子的特色是：具有兩個親水基(-OH, -COOH)，此外 A、B 都接上分子量很小的、甚至是親水性的基團。此種水溶性極佳的酸性分子、對皮膚角質的立即滲透性相當好，但相對的產生立即的刺激性也較大。若將 A、B 上接上長鏈的烷基、以增加其親油性，轉為親油性的果酸，將可以減低、甚至使立即性刺激消失。若是在 A、B 上接上葡萄糖、胺基酸或其他多醣類基團，除可保有原來的親水性外，又因更接近皮膚原有的成分，使得刺激性更低。

🍶 表 7-1　化妝品中常見的果酸種類和來源

果酸的名稱	結構式	來源	分子量
甘醇酸 Glycolic acid	$HO-\overset{\overset{\displaystyle O}{\|\|}}{C}-\overset{\overset{\displaystyle H}{\|}}{\underset{\underset{\displaystyle OH}{\|}}{C_\alpha}}-H$	甘蔗	76
乳酸 Latic acid	$HO-\overset{\overset{\displaystyle O}{\|\|}}{C}-\overset{\overset{\displaystyle H}{\|}}{\underset{\underset{\displaystyle OH}{\|}}{C_\alpha}}-CH_3$	酸奶、澱粉、玉米、楓糖、水果（經乳糖發酵分解得）	90
蘋果酸 Malic acid	$HO-\overset{\overset{\displaystyle O}{\|\|}}{C}-\overset{\overset{\displaystyle H}{\|}}{\underset{\underset{\displaystyle OH}{\|}}{C_\alpha}}-CH_2-COOH$	蘋果	134
酒石酸 Tartaric acid	$HO-\overset{\overset{\displaystyle O}{\|\|}}{C}-\overset{\overset{\displaystyle H}{\|}}{\underset{\underset{\displaystyle OH}{\|}}{C_\alpha}}-\overset{\overset{\displaystyle H}{\|}}{\underset{\underset{\displaystyle OH}{\|}}{C}}-COOH$	葡萄（酒）（由葡萄酸酵分解得）	150

🍸 表 7-1　化妝品中常見的果酸種類和來源（續）

果酸的名稱	結構式	來源	分子量
羥基辛酸 Hydroxy caprylic acid	$HOOC-\overset{\overset{\text{H}}{\mid}}{\underset{\underset{\text{OH}}{\mid}}{C_\alpha}}-(CH_2)_5-CH_3$	蛇麻草	160
檸檬酸 Citric acid	$HOOC-CH_2-\overset{\overset{\text{COOH}}{\mid}}{\underset{\underset{\text{OH}}{\mid}}{C_\alpha}}-CH_2-CH_2-COOH$	檸檬、鳳梨、葡萄、桃子等水果	192

醋酸(Acetic acid, mw=60)：

$$HO-\overset{\overset{\text{O}}{\|}}{C}-\overset{\overset{\text{H}}{\mid}}{\underset{\underset{\text{H}}{\mid}}{C}}-H$$

焦葡萄酸(Piruvic acid, mw=88)：

$$HO-\overset{\overset{\text{O}}{\|}}{C}-\overset{\overset{\text{O}}{\|}}{C}-CH_3$$

　　果酸最明顯的功效是可以軟化角質、去除過厚的細胞，此外，經皮膚吸收後，還能夠促進真皮層內的細胞合成，以增加真皮層內的膠原蛋白和黏多醣體，使皮膚較具有彈性。

　　角質是含有胺基酸的一種蛋白質，很容易被鹼膨潤而溶化分解。皮膚的角質細胞是以相互吸引的方式凝結在一起的，當角質過度連結

時、會不利於角質的新陳代謝，造成粗糙、老化的角質殘留、而不易脫落。當果酸滲透到皮膚表層時、會干擾酵素形成 O-S 鍵和 O-P 鍵，可以有效的降低角質細胞間的吸引力，鬆懈角質層下層角質細胞的脂質鍵，進而軟化角質，使老化的角質溶解、剝落。

　　果酸在皮膚科學上的應用，會因為產品中所含的果酸濃度不同而有差異，通常產品的 pH 值越低、游離酸濃度越高，效果越顯著，但發生副作用的機會也會相對的增加；一般低濃度的果酸對皮膚的醫療效果並不顯著，僅止於軟化角質和作為保濕劑用。在皮膚科醫師的門診用藥上，藥品中的果酸濃度必須超過 20%、甚至 50%以上才會有淡化色斑、減輕皺紋、刺激膠原蛋白再生等的功效，且使用高濃度果酸製品後，會有紅腫、刺痛等副作用產生，必須在專業醫師指示下、依患者的狀況調整使用的果酸濃度、酸鹼度、劑型和釋放速度等，才能有效的控制使用後的成果。化妝品界提供的果酸製品，因其中的果酸濃度受到衛生福利部的限制，所以不可能達到皮膚科醫師所提供的治療效果。而且醫師從事的是醫療行為，著重於醫療結果而不是保養；化妝品為了增加產品本身的附加價值，通常都會與其他的護膚成分等配合製造；為了避免消費者因為使用後產生不適或過敏的現象，而對產品產生負面的評價，業者通常都不敢將產品的酸度調得太酸，因此化妝品中的果酸製品應是屬於低濃度、較安全，但僅止於保濕、軟化角質、去除老化角質、讓皮膚顯得光滑、柔嫩，而不具有促進膠原蛋白生成、恢復彈性、去除老化皺紋等功效。又因果酸的酸性刺激是無法避免的，因此常須在配方中加入如：甘菊、金縷梅等具有消炎、鎮痛功效的植物萃取液，以緩和果酸造成的刺痛感。

　　1998 年 9 月、在台灣的皮膚科醫學會上，克里門博士(Dr. Kligman)
發表了有關 β-羥氧酸(Beta hydroxy acids, BHA)的最新研究成果-B 柔
膚酸，使得美容界和醫藥界重新注意到水楊酸（B 柔膚酸中的主要成分）
的功能。

Salicylic acid

　　水楊酸又稱為柳酸或鄰羥基苯甲酸，人類使用水楊酸的歷史相當
悠久，早期是用柳樹皮來治療雞眼和老繭。1986 年起，用來治療脂漏
性皮膚炎、青春痘、頭皮屑等，水楊酸的乙醯衍生物（乙醯水楊酸）
是著名的解熱鎮痛劑－阿斯匹靈(Aspirin)，後來也用一些水楊酸的衍生
物來當作 UVB 的吸收劑。

　　美容醫學界是發現了 BHA 在促進淺層老化角質脫落的功效比
AHAs 好，因此被皮膚醫學界視為是深具潛力的新一代換膚物質。相對
於 AHAs, BHA 較能真正有效的改善膚質、膚色與皮膚的平滑度，使臉
色的整體表現較佳，可以創造出「晶瑩剔透」的膚色，且只須使用 AHAs
的 1/4 的濃度，因此在化妝品業界中相當的炙手可熱。BHA 還具有優
良的、清除黑頭粉刺的功效，且為脂溶性物質，可藉由與脂質成分融
合的方式、滲入角質層和毛囊中，產生水溶性、傳統 AHAs 所無法達
成的功效，對年長的女性而言，還可以去除臉上明顯的黑色、粗大的
毛細孔，使得毛細孔縮小，可以讓人「再靠近一點看」。

　　BHA 的吸收約需 6～12 小時才能完成，比 AHAs 慢，因此對皮膚的刺激性也較不明顯，再加上本身還具有消炎、止癢的作用，消費者使用後較不會有發癢、刺痛、灼熱的感覺，因此，化妝品界也一窩瘋的在各種保養品中添加水楊酸，但依衛生福利部規定：美容化妝品中所使用的水楊酸濃度須在 2%以下，且須標示警語，以避免消費者因使用不當而引起中毒。

　　衛福部食藥署於 2014 年 4 月 19 日發布新聞稿「市售含果酸成分化粧品有完整管理規範，請消費者安心」。文中提到：

　　我國化妝品中准予使用之果酸製品相關規範，前行政院衛生署已於 87 年首度公告果酸相關管理規範，94 年公告修訂前述規範，本署復於 102 年 5 月 28 日再次修正公告化妝品中含果酸及相關成分之管理規範，化粧品中之果酸製品用途為保濕、滋潤肌膚、促進表皮更新，並規定其 pH 值範圍不得低於 3.5，但使用後立即沖洗之洗髮或潤髮等產品含量低於 3%時，其 pH 值得低於 3.5 高於 3.2，以及產品標籤、仿單或包裝應刊載消費者使用時應注意事項。但作為化妝品 pH 值之調整劑時則免加刊使用注意事項。杏仁酸是一種親脂性果酸，即應符合上述規定。

　　據了解果酸濃度無論濃度多高，酸鹼值相同產品效果都相近，反而應注意酸度造成的影響，而非高濃度的效果。歐美日等國家對果酸製品多以 pH 值為管理標的（如美國為 pH 3.5、歐盟 pH 3.8、日本無相關規範），我國之管理規定與歐美日等先進國相當。詳見附錄 13a「市售含果酸成分化粧品有完整管理規範，請消費者安心」。

An Introduction to Cosmetics

淺談芳香療法

　　生活在繁忙的工商社會裡，總有一股令人想要反璞歸真的衝動。空氣的污染和藥物的濫用使人類的生存條件受到嚴重的威脅，我們每天所吃的食物幾乎都充滿了化學的物質，直接的影響就是有更多的化學殘餘物質或毒素堆積在人體內無法排出，導致細胞病變，引發病症。此外，來自家庭、經濟與工作的壓力越來越重，不僅引發許多新的文明病，也使得人與人之間的關係更形冷淡。

　　坊間所謂芳香療法的生活方式是利用由植物所萃取出的精油(Essential oil)，經由按摩、薰香、冷敷、熱敷、沐浴或添加在各式產品（乳霜、乳液……）中的方法來調理、治療或解決我們所面臨的各種困擾。

　　芳香療法被歸類為非正統醫學，可以視為是草藥醫學的一支，因為在所有藥用植物中，芳香療法只使用能提煉出精油的部分植物，是一種應用植物精油的藝術與科學。

　　芳香療法是一種全方位的輔助醫療方式，所重視的不只是生理的徵狀，在治療時也會考量心理狀態，包括個人的飲食、生活型態、人際關係、生理和心理等各層面的因素。一個全方位的芳療師不只是會應用精油，還要會找出能夠幫助病患維持身心平衡的方法。單項精油本身就含有多種作用，不像合成藥物或從植物體中單離出來的成分，只能固定治療某種特殊病症。精油通常具有平衡的功效，可以幫助人體從身心不平衡所引起的疾病中恢復為理想健康的均衡狀態。

　　許多芳療師都具有東方的陰陽概念，這是存在身體中的兩種相反的能量，彼此互相維持著一種動態的平衡，使人體保持在身心健康的狀態，當體內某種荷爾蒙分泌過於旺盛或不足，都會使人體處於某種不平衡的狀態，導致疾病發生。

　　同樣的，心理和情緒上的不均衡也會導致生理上的病症，身、心是人體相互影響的兩面，如沮喪、歇斯底里、情緒的動盪太大（甚至嚴重到引起躁鬱症）都屬於心理上的不平衡狀態。

　　早在西元前 2 千年，芳香療法就廣泛的為古文明國家如埃及、希臘、羅馬和印度人所使用。近代的科學家也透過實驗，針對精油的天然化學成分研究、分析，為芳香療法提供更明確的說明與肯定。在英國，精油被登陸於國家藥典內；在澳洲，精油被歸類於醫療保健物品；在法國，運用精油來治療疾病，甚至可以申請政府補助。

 # 芳香療法的演進

　　植物對人類具有治病的神奇力量，早在有幾千年歷史的古文明大國中已有記載；可以說在有人類的時候就有醫療行為。如同動物生病時會自己找青草藥治病，人類也發現這些植物可以減輕生病時的不適和病痛，因此代代口耳相傳用草藥治病的經驗。

　　至 20 世紀初期才有芳香療法(Aromatherapy)這個名詞出現，是指應用植物精油於醫療上，可與用整棵植株的草藥醫學區分。所以芳香療法的歷史其實是很短的，但若不嚴格的限制精油的定義，人類運用植物的芳香萃取物的年代就可以遠溯到古埃及、甚至 6 千至 9 千年前的史前時代。會運用植物精華的古老民族不只是印度和埃及，包括在亞述人、巴比倫人、腓尼基人和猶太人所遺留的古物遺跡中，都不難窺見芳香植物在他們的日常生活和文化上的用途。

1. 在中國

中國的中醫是從神農嚐百草開始，最令人嘆服的經典之作如《皇帝內經》，記載了許多疾病發生的原因和治療的方法，其中對植物的應用智慧是現代草藥學家的指南。李時珍的《本草綱目》，記載了兩千多種藥材（植物），8 千多種配方，是現代中醫的根本。此外，中醫以「陰陽五行」為主要的說理工具，借助「陰陽五行」的哲學觀念來解釋人體的生理、病理，闡明各臟腑之間相生相剋的相對平衡關係。如在病理上《內經》中有『陰勝則陽病、陽勝則陰病、陽勝則熱、陰勝則寒』的說法，反應到治療中就有『陽病陰治、陰病陽治』、『治熱以寒、治寒以熱』。

中醫依據『五行』：金、木、水、火、土相生相剋的易理對應到『五臟』：肝、心、脾、肺、腎，認為肝屬木、心屬火、脾屬土、肺屬金、腎屬水；木生火、火生土、土生金、金生水、水生木；木剋土、土剋水、水剋火、火剋金、金剋木，臟腑之間正常的相生相剋能夠維持身體功能的平衡狀態，當肝木過盛則剋伐脾土，在治療上當培土以防木剋，生金，則以金制木。心火過旺則剋伐肺金，治療上當補金以防火剋，滋水，以水剋火。其手段在治其過盛，助其偏衰，目的在維持臟腑之間平衡協調的關係。

2. 在印度

印度人早在 5 千年前就開始在醫療上使用芳香植物和其萃取物，印度的植物經典中最著名的就是「吠陀經」(Vedas)，不但介紹了各種芳香植物，更是奠定印度傳統醫學「阿輸吠陀醫學」(Ayurveda)的基礎，尤其印度是一個宗教國家，由宗教發展出來的藥物運用使得印度藥材如：檀香、安息香、丁香、黑胡椒等成為昂貴的藥材，從古至今，是印度文化中不可或缺的一環。

3. 在埃及

　　早在西元前 3 千年埃及人就已經開始使用香油香膏了。埃及與地中海附近的國家在運用芳香植物方面的發展為人所熟之，埃及人非常擅長應用植物精華，而尼羅河谷則是栽種藥用植物的搖籃，其中最著名的藥用植物如杉木、乳香、肉桂和沒藥。埃及相當炎熱，因此當地人將芳香植物遍用在日常生活中；如：燃燒香柱使房間充滿芳香植物的煙霧與香氣，不只可以消毒淨化，還有驅邪的用意；沐浴時也會加入植物精油，沐浴後在身上塗抹香膏並按摩。早年的埃及香氣與宗教是密不可分的，芳香油膏是它們獻給神明的貢品之一，每一尊神明都有一種代表的香味，僧侶是負責調製香膏的人，祭司則是最早的調香師。當法老王要祈禱諸神、征戰、迎娶嬪妃時都會在身上塗抹香膏，古埃及人在慶典儀式中塗抹濃厚的香膏，尤其是貴族階級在日常生活中更是不可或缺。

　　埃及人運用杉木、雪松、沒藥等具有防腐功效的精油來消毒、殺菌並製作木乃伊使能保存數千年不壞。在金字塔的挖掘過程中，考古學家經常會發現一些壓榨或蒸餾木頭、植物的器具，尤其是在庫夫法老王建造的「大金字塔」中發現不少化妝品、藥品、按摩膏的記載；其中絲柏就是常被用作驅魔的植物，眼睛發炎要用沒藥……等等。

　　芳香療法的故事中也記載了埃及豔后克麗奧佩德拉用精油護膚、讓全身充滿香氣，使安東尼及凱薩大帝成為她的愛情俘虜。埃及豔后曾耗費鉅資以「香膏花園」中的植物來製作香油讓自己的手部柔軟，此外，她也喜歡在談判時擦上茉莉香膏，再運用政治、外交手腕讓凱薩為她平定內亂。

4. 在希臘、羅馬

　　西方的芳香療法始於印度、埃及，發揚光大的卻是希臘、羅馬人。愛美女神阿夫羅戴蒂的神廟中記載最多，本世紀流行的「SPA」在那個時代就是「醫療浴池」或「醫療勝地」的意思。現代的希臘還是有許多以芳香 SPA 招攬觀光客的勝地，如安碧多羅絲，相傳是太陽神阿波羅與阿夫羅戴蒂所生兒子的出生地。

　　依據希臘神話的記載，香精是由愛神身邊陪侍的仙女傳到人間的。古希臘人對植物香精油的應用很繁複，不同的身體部位必須塗抹不同的香精油，而且每一種不同的植物都象徵一位天神，最著名的就是化身為水仙的那西賽斯(Narcissus)。

　　約在西元前 4、5 百年間，一群來自希臘和其東南方克里特島(Crete)的醫生前往醫藥的搖籃－埃及與地中海附近的國家拜訪，回國後在高斯(Cos)成立了一所醫學院，致力於研究藥用植物的分類與索引，對後世的貢獻極大。

　　受了埃及和希臘的影響，羅馬人也開始重視香水和香料等芳香物質。羅馬人的奢華遠勝於希臘人，帝國擴展的力量所及也將芳香油膏帶至西亞的君士坦丁堡。羅馬時代的芳香產品分為固態、液態和粉狀，喜歡泡澡的羅馬人甚至用象牙、大理石、瑪瑙、花崗岩、玻璃等作容器來存放香膏，除了容器精緻之外，使用香料的程度更是令人咋舌，往往一磅的香精要用數十種植物混合。常見的如：沒藥、荳蔻、香蜂草、肉桂等，無論是人體、衣物、床、牆壁甚至公共澡堂都充滿了香氣。

　　隨著帝國的擴展，芳香植物也隨著羅馬士兵傳出去。羅馬帝國的一些主要城市都有發達的香水工業，如：大馬士革(Damasscus)就是以香水工業聞名，巴格達(Baghdad)曾是由波斯進口玫瑰油的集散中心。

5. 在中東

在宗教的發源地－中東，也發現安放耶穌的墓穴中有以色列人傳統包覆遺體所用的沒藥香膏。善於科學發明的阿拉伯人將羅馬人傳過去的蒸餾法改良後，成功的萃取出玫瑰花精油。事實上，人類早在 4 千年前就懂得使用和現代技術相差不遠的蒸餾法了。西元 1975 年位於米蘭的國際生化化妝品研究中心(International Biocosmetic Research Center, IBRC)由 Paolo Rovesti 博士率領一支考古隊前往巴基斯坦探險，發現了古印度村落的遺跡，且在喜馬拉雅山下的 Taxila 村落的博物館中還保存著一套完整的蒸餾設備，因此，阿拉伯人只不過是改進了蒸餾的方法。

除了科學發明，阿拉伯人也善於做生意，13 世紀之前阿拉伯的香水在歐洲極負盛名，十字軍東征時，玫瑰花露水和蒸餾法也一起傳入西方。而後，阿拉伯人更將他們所發現的精油、油膏及花水賣到世界各地，讓歐洲人對保健、治療的觀念更為精進。

6. 中世紀之後

12 世紀時德國人 Abbess Hildegard 為了獲取薰衣草的醫療功效而種植薰衣草；14 世紀時鼠疫猖獗，為了預防黑死病人們在街道上焚燒乳香和松木，在室內點薰香蠟燭，並在頸項上佩帶用芳香藥草編製的花環；15 世紀末期，一位有名的內科醫師兼化學家－巴拉塞爾士（Paracelsus A. D. 1493～1541，Great Surgery Book 的作者）誕生，他將古時候的煉丹術界定為：從具有療效的植物中提煉出精華物質來製成藥物，而不是把一些混雜在一起的金屬原料變成金子。由於他對古老煉丹術的新概念使得 17 世紀前的藥劑師都善於使用植物精油，而薰衣草精油和其蒸餾水則被認為是一種醫藥物質。

由於蒸餾法的改良和化學知識的持續進步，文藝復興時期（14～16 世紀），人們廣泛使用植物精油，約於西元 1600 年時德國官方的藥典首次正式記載了薰衣草精油和杜松果精油的功效。又受到當時研究科學風氣的影響，各醫學院普遍開始附設植物園，種植一些藥用植物，植物學也就成為學習醫學的必修科目。此時，藥草學也因活版印刷術的發明，遂可將先人使用藥草的智慧與知識出版並廣為流傳。最有名的是 1527 年出版的《貝肯氏藥草集》，16 世紀還有所羅門寫的《藥方大全》。1470～1670 年間出版了許多有關藥草的書籍，有些書上還可以看到手繪的蒸餾器具。

直到十七世紀末精油才被廣泛的應用在醫療上，當時可以說是藥草醫療的黃金時期，許多現在為人所熟知的植物精油都是在當時提煉出來的。

7. 近代現況

正式提出芳香療法一詞的化學家瑞內・默瑞斯・蓋特佛賽(Ren'e-Maurice Gattefoss'e)在家族企業的香水公司擔任化學人員，他發現添加精油的產品保存期限比添加化學藥劑的產品還長，證明了精油的防腐殺菌效果比化學藥劑還好。有一次在研發新產品時不慎發生化學爆炸，情急之下迅速將嚴重灼傷的雙手伸進旁邊的一桶溶液體中；不可思議的，灼傷的手竟然不那麼痛了，水泡和傷口也減輕許多，不但手傷在數日內痊癒，且沒有留下疤痕；這桶液體正是薰衣草精油。由於薰衣草精油的神奇療效使他對各種植物精油的療效產生了濃厚的興趣，進而開始著手研究各種植物精油的療癒功能，並於 1928 年首次在科學論文中提出「芳香療法」一詞，且在 1937 年出版了一本同名的專書，其後仍不斷發表有關精油療效的論文。

其他像法國醫師、科學家和作家也跟著投入芳香療法的研究，其中最著名的是珍‧瓦涅醫生(Jean Valent)，他在任職軍醫期間運用植物精油來治療戰爭中嚴重燒傷和其他創傷的士兵，隨後也用精油和其他藥材治療精神病院的患者，得到了許多成功的案例，使得精油和醫療有了密不可分的關係，並獲得法國的正式醫療許可，他所寫的《芳香療法之臨床應用》一書成為正統芳香療法的聖經，是現代芳療師必備的參考書籍。之後，藉著瑪格麗特‧摩利(Marguerite Maury)、費比斯‧巴度(Fabrice Bardeau)和馬索‧伯納特(Marcel Bernadet)等人的實驗和論述讓我們對芳香療法又有了更深入的認識。

當瑞內‧默瑞斯‧蓋特佛賽發表精油見解的時候，佛萊明爵士(Sir Alexander Fleming)也同時發現抗生素－盤尼西林，是用黴菌培養分離得到的，也是屬於天然的療法，但目前已經不再使用。

目前在英國風行的全方位醫療發展要歸功於法國的生化學家瑪格麗特‧摩利(Marguerite Maury)，她於 1950 年代研讀許多瑞內‧默瑞斯‧蓋特佛賽有關精油的著作後，首次將芳香療法應用於美容回春上，除了致力了解每一種天然精油的療效外，還研究如何運用精油來護理皮膚。以精油的美容功效結合按摩方法來賦予肌膚青春活力，將精油引領到美容醫學的領域中，並將芳香療法傳入英國，在《摩利夫人的芳香療法》(Marguerite Maury's Guide to Aromatherapy)一書中敘述了健康、美容、飲食、烹飪及精油的物理治療。

近年來英國政府才將芳香療法視為一門正式的學科，但在此之前，民間早就廣泛的流傳了。1970 年代英國的雪麗‧普萊斯(Shirley Price)的出現讓芳香療法的運用有了重大的改變，她認為好的芳療師更需懂得豐富的解剖學、生理學、病理學及熟知各種芳療專用精油中所含化學成

分的療效，和具有特殊物理療法的技術，並於 1978 年開辦了雪麗·普萊斯芳療學院(Shirley Price Aromatherapy College)。目前這個學院已經受到大不列顛整體醫療組織(British Complementary Medicine Association)所設立的芳療團體評鑑會(Aromatherapy Organisations Council)的肯定，並認定其教育功能和資格。同時期，法國的醫生對精油發生興趣，展開許多臨床上的研究；人們對預防性的藥物更有興趣，也更熱衷於瞭解醫學上的問題。

目前在歐洲已經有四十多所教導芳香療法的學校。在法國，醫生更可以專攻芳香療法，讓芳香療法成為患者可以選擇的治療方法之一，精油在法國更是專業醫生認為可以內服的物質。（國內由於精油品質良莠不齊，一般都不建議服用）。

現在，芳香療法使用植物精油的量只占全球市場的極少部分，絕大部分是集中在香水、食品和藥品工業上，不過這些工業對精油純度的要求不如芳香療法的領域，因此就有許多不肖業者會在產品中添加一些品質較低劣的油，或是化學合成的仿植物香精來欺騙消費者。為了讓精油的品質達到一定的標準，每種精油在萃取後都須經過多項測試如：折射率(Refractive Index, R. I.)、旋光度(Optical rotatory)、比重(Specific gravity, sp. gr.)、定量(Quantitative)和氣相層析－質譜儀(Gas chromatography - Mass, GC- MS)的分析，以及香味評估，其中成分也須合乎實驗室所提出的書面報告的標準安全值，所以每一種被運用於芳香療法的精油都已經有完整的臨床及實驗室分析報告，來說明該精油的成分及功效。

關於植物精油

　　植物精油也有人稱為植物精質或植物揮發油，是芳香植物中含有濃厚氣味的油狀成分。精油 (Essential oil) 中 Essential 衍生自 Quintessence，即「一種最主要的濃縮萃取物」，在古文的哲學及煉金術中 Quintessence 被認為是物質的靈魂部分，有些人也將精油稱為「虛無飄渺之油」，德語則做更巧妙的解釋－因為植物精油會消失在空氣中、不留痕跡，就像霧氣一樣虛無飄渺的蒸發在空氣中。

　　精油在植物的生長過程中扮演重要的角色，研究顯示精油具有吸引昆蟲授粉、防蟲及抗菌的功效，可以保護植物免受細菌和其他病菌的侵害。

　　植物精油儲存在植物特殊的儲油腺中，儲油腺越多的植物（部位）、精油的產量越多，精油的價格越低；儲油腺越少的植物、精油的產量越少，精油的價格就越高；其中又以花瓣精油（玫瑰、茉莉、橙花）的萃取率最低，價格也最昂貴。一般而言，想要提煉出一公斤高品質的精油約需 3,000 個檸檬，200 公斤的薰衣草，3,000～5,000 公斤的玫瑰花。若依每次泡澡需 6～8 滴的精油計算，泡一次玫瑰精油浴約需 200 朵左右的玫瑰花。

　　由於花瓣精油成本高、價格昂貴，大多數的廠商都會提供已經混合基底油的混合油，而非 100%的純花瓣精油，購買時需確認。

　　台灣從 1980 年代末、90 年代初引進芳香療法，許多追求時尚及生活品質的人多少都接觸過精油，流行風潮帶動下，最近許多日常生活用品也都標榜有添加精油成分如洗髮精、沐浴乳、香皂甚至衛生紙；化妝產品尤甚，幾乎各個品牌的各項產品都標榜含有植物精油成分。

1. 來　源

　　精油普遍存在於植物的各個部位，如：花朵（玫瑰、茉莉、橙花、洋甘菊、依蘭、馬鬱蘭）、葉子（檸檬草、檸檬香茅、茶樹、綠花白千層、快樂鼠尾草、尤加利）、樹皮（肉桂）、木心（檀香、花梨木、雪松）、樹脂（乳香、沒藥、安息香）、果皮（甜橙、橘子、檸檬、葡萄柚、紅柑）、種子（茴香、杜松子、胡蘿蔔種籽）、草根（岩蘭草）、地下莖（纈草）、全株（薄荷、薰衣草）；有些植物如橙樹，從不同的部位可以萃取出三種香味及藥理作用都不同的植物精油－夾雜甜味及苦味的橙花精油，味道清新的橙皮（橙）精油，和味道類似橙花但比較不細緻的橙葉（苦橙葉，回青橙）精油。

2. 生長環境

　　植物精油的品質和產量取決於產地、氣候、土壤、海拔、季節、採摘的時間不同等諸多因素。以開花植物為例，通常在溫暖乾燥的正午時分精油產量最高，但茉莉花在夜晚時香味最重，須在黎明前採收完畢；大馬士革玫瑰則是在晨露之後香味最濃，必須在正午之前採收完畢。此外，如同酒一般，每批精油的品質、氣味會隨年度、季節而異，對於需要控管產品品質穩定性的香水工業而言，無疑的是一種缺點，但對芳療師和精油業者而言，卻是天然植物精油有別於化學合成產品的最迷人的地方。植物精油和化學合成香精的氣味差別非常大，如何培養一個能夠品味天然精油的好鼻子（加強嗅覺訓練）非常重要。

3. 萃取方式

　　請參照本書第 4 章第 127～129 頁。

4. 精油的顏色和黏稠度

植物精油雖然被歸類為「油」，但因具有高度的揮發性而與一般的油有很大的差異－精油會揮發在空氣中，不會在紙上留下油漬。大多數的精油是透明無色的（如：薄荷），透明淡黃（如：薰衣草），透明淡綠（如：佛手柑），琥珀色（如：廣藿香），深褐色（如：岩蘭草），也有少數精油會有特殊的顏色，如深黃色的萬壽菊，深藍色的德國洋甘菊。一般而言，植物的樹心、樹脂或地下部位提煉出的精油較黏稠，地上部位的花、葉……等提煉出的精油的黏度則如同水或酒精。玫瑰(Rose Otto)在較低溫下會呈現半固體狀，室溫時則呈現液體狀。

5. 精油的揮發速度

如同上述，精油雖然稱為油，摸起來也油油的，但卻是具有高揮發性的物質，多數精油滴在紙上 20 分鐘就會完全揮發，如：薰衣草精油，當然也有揮發性較低的精油。這裡的揮發性是指物質接觸空氣後消失的速度，也可以用來判斷該精油被人體吸收的速度。通常會用音樂中的快板、中板、慢板（或高音、中音、低音）來區分揮發的速度；如同香水工業中的前味、中味、後味；利用精油來調香時的香味組合也會依照揮發速度的快慢來搭配，散發出的香味也會由揮發速度較快的、至中等的，最後是最慢的。

若將精油滴入基礎油中放在室溫下，香氣持續 24 小時的稱為快板(Top)精油，72 小時的稱為中板(Middle)精油，可維持一星期以上的稱為慢板(Base)精油。

通常，快板精油的香氣較刺激，會令人感到振奮，如：歐薄荷；中板精油會令人感到平衡和諧如：薰衣草；慢板精油會給人一種沉穩的感覺，適合冥想沉思時用，如：檀香，印度的修行者就偏愛用檀香。

6. 經由人體的吸收途徑

精油可以透過嗅覺和皮膚吸收進入人體。

(1) 嗅覺吸收法

具揮發性的精油分子可經由空氣當媒介由鼻子吸入人體，這是精油產生效用最快的方式。

鼻腔內的嗅覺區表面有無數的纖毛，內含嗅覺神經，纖毛表面有許多凹陷的小洞，某種氣味分子的化學結構剛好可以和某特定形狀的凹洞密合，密合後的氣味分子滲入黏膜層時，這條纖毛內的神經細胞就會把接收到的氣味訊息傳送到大腦的嗅球(Olfactory bulb)，在嗅球中我們才剛開始感覺到「氣味」，對氣味有了印象，之後會延著嗅覺主徑(Olfactory stalk)將此訊息傳送到大腦的嗅覺中心；大腦的嗅覺區不止掌控嗅覺，也掌控感情和情緒。當我們吸入精油時就會根據各種精油的特性達到放鬆、提振、清新、醒腦……等作用，同時可以改變情緒、影響心理，甚至促進身體健康。

在精油分子進入鼻腔的同時也會有些分子經由呼吸道進入肺部、擴散至肺泡周圍的微血管中，進入循環系統，再透過血液傳送到身體的各個部位。1963 年日本實驗證實薄荷精油吸入的效果會比口服方式更好。

① 薰香式：是維護嗅覺順暢、呼吸自然空氣、不受污染物質傷害的最好方式（也可以使用不需加熱的超音波震盪方式）。此法可以改善衛生環境、淨化空氣、避免感染病菌；散發出的香氣並可安撫情緒、改善精神狀況。

② 熱水蒸氣式：透過水蒸氣可以將精油送進肺部、進入血液循環，對呼吸道感染患者最有效，也是提神、情緒變換最好的方法，但氣喘患者不宜。

③ 噴霧式：在 100 ml 噴霧式容器（塑料不可）中裝滿純水後，加
入 5～30 滴精油，搖晃均勻後即可使用。

④ 手帕式：將 3～4 滴精油滴在手帕或面紙上，無論何時、何地都
可使用，且便宜、方便。

(2) 經由皮膚

由於精油的分子非常小，混合基礎油後塗抹在皮膚上會很快經由
汗腺和毛囊滲透進入表皮、真皮、到達微血管和淋巴腺（這個過程一
般正常人約需 5～20 分鐘，身體較虛弱、循環較差的人則需時較長＜
30 分鐘至 1 個小時或更長的時間＞），再經由循環系統傳至身體各部
位。實驗顯示約 1 個小時後即可在尿液中檢測出。這也說明了精油會
很快的滲入人體內發揮作用，且不會殘留在人體內產生副作用。

① 按摩吸收法：

精油要經過基礎油調和稀釋後才能使用，經過按摩很快就能
被皮膚吸收、滲入體內。最好是在剛洗完澡，身體微濕時效果最
好。較快、較有效的按摩方式如：搓揉、拍打，可以提振精神；
輕柔的撫觸、按壓，可以紓解壓力，安撫或幫助睡眠。

這種方法可以用在全身按摩、臉部護理、健胸減肥、腹痛、
經痛、便祕、淋巴引流……等，配合中國的經絡學，是一門古老
的保養藝術。

② 沐浴法：

用精油泡澡或泡腳時不可以選用塑膠容器（木製或不鏽鋼製
產品最佳），浸泡前需先將精油攪勻，水溫不可過高（除溫度過
高精油會很快揮發外，加入精油後水溫還會增加，且會使人容易
疲勞、甚至燙傷），約 37～39℃，浸泡約 20 分鐘。

(a)盆浴：在放好水的浴盆（桶）中加入總數 6～8 滴精油，用手掌將精油打散，使平均分散在水面上再浸入。由於精油的滲透力極強，約 3 分鐘即可抵達真皮層，5 分鐘即可抵達皮下組織，再隨著血液運行全身。可調理體質、婦科感染問題、泌尿系統感染、香港腳、風濕關節痛、發燒、血壓問題、消除疲勞、提高新陳代謝、減肥……等。

(b)足浴：對於工作疲累導致的足部浮腫、冬天雙腳冰冷、感冒……等問題，都可以用 4～6 滴精油泡腳來舒緩症狀，也可加入彈珠輕踩，同時進行足部病理反射按摩。

(c)臀浴：是生理保健的最佳方法，可以預防許多婦科和一般疾病的產生。

淋浴時可將沐浴乳倒入絲瓜布中，再滴入 3～4 滴精油搓洗全身。

③ 按敷法：

適用在表皮問題，如：刀傷、擦傷……等；最普通的是可以將薰衣草精油直接滴在燙傷的皮膚上（除薰衣草精油外，其他精油不可直接用在皮膚上）。按敷時要避免精油跑進眼睛裏。

(a)冷敷：通常用於發燒、流鼻血或運動傷害。

(b)熱敷：可深層潔膚、軟化角質、經痛、神經痛、風濕關節炎、宿醉……等有效。

(c)塗抹：各種外傷、蚊蟲咬傷、止癢、頭痛、止咳化痰、關節炎、風濕痛、香港腳、濕疹……等都有效。

7. 植物精油中的主要化學組成

植物精油中含有各種不同的天然化學物質，有些精油中甚至含有多達 300 多種成分，如玫瑰；成分越複雜的精油越不容易用化學合成

的方法模擬複製。通常含有醇或酯類的精油作用較溫和，含酮、酚、醛類的精油作用較強，醫療效果也較顯著，但相對的，應用不當時也可能會有不利的副作用。

　　基本上精油的成分是由碳、氫、氧等化學元素組成，主要分成兩大類－碳氫化合物：幾乎都是萜（烯）類(Terpenes)；含氧化合物如：酮、醛、酚、醇……等，有時候也會發現酸、內酯或含硫和氮的化合物。

(1) 萜（烯）類(Terpenes)：

　　是一群龐大的化學物質群，依照分子量的大小而有截然不同的作用。常見的萜烯類如：檸檬萜烯(Limonene)，幾乎 90%的柑橘屬精油都含有這種具有抗病毒功效的成分。蒎烯（松油萜烯，Pinene），具有抗菌防腐的功效，松樹精油中含量相當高；此外，德國洋甘菊精油中的藍甘菊萜烯（天藍烴，Chamazulene，花朵中無，是在蒸餾過程中產生的）則是屬於倍半萜烯(Sesquiterpene)類，具有很好的抗發炎和抗菌的功效。

(2) 醇類(Alcohols)：

　　是精油成分中頗具醫療功效的一類，具有抗菌、防腐和抗病毒的特性，並能提振精神，溫和而不具毒性。最常見的是單萜烯醇(Monoterpene alcohol)，如：沉香醇(Linalol)，花梨木、薰衣草、橙花和依蘭－依蘭等精油中有；牻牛兒醇（香草醇，Geraniol），玫瑰、玫瑰草（馬丁香）、天竺葵、橙花、回青橙等精油中有；龍腦(Borneol)，薰衣草、松樹等精油中有；香茅醇(Citronellol)，玫瑰、檸檬、尤加利、天竺葵、香茅等精油中有；另有倍半萜烯醇(Sesquiterpene alcohol)和雙萜烯醇(Diterpene alcohol)類，這兩種醇都不易見，只存在幾種特定的精油中。倍半萜烯醇

是具有很好的增強免疫力、提振精神的成分，在玫瑰、玫瑰草和雪松中可見。雙萜烯醇含有不錯的動情激素，快樂鼠尾草中有。

(3) 醛類(Aldehydes)：

具有安撫中樞神經、鎮靜心靈又能同時提振情緒的特性，且有抗炎、抗菌、防腐的功效。比較重要的如檸檬醛(Citral)，檸檬、天竺葵中有，香茅醛(Citronellal)，尤加利、檸檬、香蜂草、香茅中有，和橙花醛(Neral)；通常具有檸檬味道的精油中都含有這些成分。檸檬醛有非常明顯的防腐抗菌功能。其他如苯甲醛(Benzaldehyde)、桂皮醛(Cinnamic aldehyde)……等。

(4) 酯類(Esters)：

是精油中香氣的來源，可以抗黴、抗炎、抗痙攣、鎮靜及撫平神經系統。由於酯類分子溫和的特性較不容易刺激或傷害皮膚，是比較安全的一種成分。薰衣草酯在花香類（茉莉、橙花）精油中幾乎都有，牻牛兒酯（薰衣草、尤加利）；橘子、甜橙、橙花中含有鄰氨基苯甲酸甲酯；快樂鼠尾草、薰衣草、佛手柑中含有乙香沉酸酯(Linalyl acetate)。

(5) 酸類(Acids)：

大部分為水溶性，是很好的抗炎物質，也具有鎮靜的效果，精油中含的多為弱酸，通常用來治療皮膚問題，如水楊酸，有除皺美膚的功效。含有酸的精油如：玫瑰、依蘭－依蘭、天竺葵、胡蘿蔔籽、香蜂草……等。

(6) 酮類(Ketones)：

植物中的酮多為脂肪酮和芳香酮，存在於油脂氧化生成物中，大部分具有特異氣味及毒性，但黃體酮和睪丸酮對生殖系統有不錯的作

用，也能平衡荷爾蒙，甚至對皮膚和神經系統都有不錯的效果，如菊科屬精油。酮類通常具有減輕充血腫脹、導流黏液的功效，最適合用來減輕上呼吸道的病症，如牛膝草、鼠尾草、薄荷等精油；低量的酮對人體甚有幫助，可殺菌。有些酮的作用強烈且具有毒性，所以含酮的植物精油在使用時需特別小心，如：艾蒿、艾菊、苦艾、鼠尾草中含有毒性物質側柏酮(Thujone)會導致流產；穗花薰衣草、歐薄荷、牛膝草中的酮會導致早產，薄荷類植物精油中含有毒性的胡薄荷酮(Pulegone)，所以許多精油孕婦都應避免使用；除了有調經的作用外，也可以避免接觸到含酮量成分高的精油，造成危險。

也有一些無毒性的酮如：茉莉花中的茉莉酮(Jasmone)，甜茴香中的茴香酮(Fenchone)等。

(7) 酚類(Phenols)：

是一種殺菌力極強的化合物，對中樞神經系統具有強烈的刺激、振奮作用，對皮膚可能有刺激性。含有高濃度酚類的植物精油，對肌膚及黏膜具有刺激性。通常具有刺激腐蝕性的酚類如：丁香和西印度月桂精油中的丁香酚(Eugenol)、百里香精油中的百里香酚(Thymol)、奧勒岡（野馬鬱蘭）精油中的香芹酚(Carvacrol)等，但像茴香中的茴香腦(Anethole)和龍艾中的草蒿腦(Estragole)又其實並不具有腐蝕性，使用時應小心。

(8) 氧化物(Oxides)：

精油成分中最重要的氧化物是桉樹腦(Cineol)和桉葉醇(Eucalyptol)，具有祛痰的功效，一般具有樟腦味的植物如：迷迭香、茶樹、白千層、尤加利……等植物中都有。

植物精油中所含各類化學成分相當多，限於篇幅，並不一一列舉。近年來的研究顯示植物中存在有「化學種族」，即外表相同的同種植物，也會因為種植環境的不同和植物本身的遺傳性不同，而具有明顯不同的化學組成。所以有些含有特定化學成分的植物就會被篩選出來，利用人工栽培作為具有醫療價值的藥用植物。經由特別篩選出的植物萃取出的精油就可以稱為化學類型的精油，如：茶樹精油依照化學組成的不同可以分成幾種不同的化學類型，澳洲政府不僅標示茶樹精油的植物拉丁學名 Melaleuca alternifolia，同時也標示出化學類型 Oil for Melaleuca, Terpinene-4-ol（茶樹精油，萜品烯－4－醇）。

8. 植物精油對人體各器官系統的概略功效

(1) 皮膚：

皮膚是人體最大的器官，不止可以保護覆蓋身體、還具有吸收、排泄、調節身體冷熱溫度、防水和防止外物進入身體、分泌油脂、排汗……等的功能，其中，排汗就是排毒最直接的方式。當體內有大量的毒物要透過皮膚排除但卻超過皮膚所能負荷的限度時，就會在皮膚上以痤瘡、過敏等皮膚常見的問題表現出來。

皮膚是體內健康狀態的一面鏡子，皮膚上外觀產生的各種異狀可以用來概略判斷身體發生的狀況（如同中醫望、聞、問、切中的「望」）；可能是血液中含有毒素、荷爾蒙失調或由於精神、情緒上的困擾……等各種不同的原因造成的；可能是循環系統、消化系統或內分泌系統失調引起的。選用適當的精油將可獲得無副作用的改善，因為精油的作用相當廣泛，可以多管齊下，最適合用來調理皮膚的困擾。

精油經由按摩進入皮膚的毛孔後，由於毛囊中有皮脂，可以跟精油相互融合，精油就會慢慢的擴散至血液、淋巴和組織液中運送到全

身。精油停留在血液中影響各系統的時間依個人的體質和健康狀況可達數小時、數天甚至數星期。傳送速度最快的是尤加利和百里香精油，約 30 分鐘就可以到達包括心臟、血液等循環系統；最慢的廣藿香、檀香精油約需兩小時。通常精油可以在 30 分鐘內完全被皮膚吸收，數小時內經由皮膚、肺、尿液、排出。（可用大蒜用力的在腳底摩擦，1～2 個小時後從呼吸的氣息就可以聞到大蒜的味道了）。

如果肌膚充血、浮腫或皮下脂肪過厚，精油的吸收速度就會減緩，此時若能使用溫水做精油沐浴，就可以藉由水的微溫加速精油分子的吸收。或做全身按摩時，精油會經由皮膚比較細緻的部位如：腹部、大腿內側和上臂的肌膚吸收至血液中。

(2) 肌肉關節與循環系統：

精油很容易經由皮膚和黏膜吸收後進入血液循環中，因此有溫熱特性的油如薑、黑胡椒等不但能改善緩慢的血液循環，也能影響體內的器官。（但薑和黑胡椒精油因為作用太強烈，若無合格芳療師指導，並不建議自行使用。）

有些精油的鎮靜作用可以減輕肌肉關節的酸痛現象，或使血管擴張、血液流動加快，幫助改善膚色。

(3) 呼吸系統：

呼吸系統最常見的毛病是流行性感冒引發的鼻塞、鼻炎、咽喉炎……等相關症狀，及肺炎、支氣管炎、氣喘……等疾病；這些問題用精油來治療非常迅速有效，主要是以蒸氣吸入和熱敷為主。因為精油最大的特色就是具有抗菌的特質，所以對上述病症中常見的痰、痙攣、咳嗽都相當有效。

精油經由嗅聞達到肺部時會促進支氣管分泌保護性的分泌物，有保護呼吸系統、預防疾病的作用。精油經由鼻聞進入血液循環的速度甚至比口服（若無合格芳療師指導，並不建議自行使用）還要快，因此，以上症狀可以迅速得到紓解。

(4) 消化系統：

消化系統是指唾液分泌、口腔咀嚼、腸胃道分解吸收和排泄等部位。芳療法運用在消化系統上有薰香、背部、腰部和脊椎按摩、腹部、胃部熱敷、按摩或浸泡患部等方法。如同傳統中藥中茴香可以刺激腸胃的神經血管，促進消化液分泌，有健胃行氣的功效。

(5) 生殖泌尿系統和內分泌系統：

因從腎臟、輸尿管到膀胱的泌尿系統男、女有別，所以容易感染的疾病也不同。女性由於尿道較短，膀胱較容易受感染，甚至引發腎臟炎；男性中年以後容易患的是攝護腺炎。精油只適用在輕微症狀時，若尿液已出現血液就必須看醫生。

如同消化系統，精油經由皮膚進入血液中可以影響生殖器官，如：玫瑰、茉莉等可以強化生殖系統的精油，對生理期的困擾和生殖道的感染都很有助益。

(6) 免疫系統：

幾乎所有的精油都具有抗菌的特性，藉由促進白血球的製造，來預防感染性的疾病。

(7) 神經系統：

芳香療法最具有特色的功能非神經系統莫屬，精油的氣味除了可以影響心理層面之外，對身體也會有一定的影響力；如刺激振奮或鎮定神經中樞系統、調整神經系統、撫平情緒、放鬆精神。

(8) 美容：

護膚、預防皺紋、回春、鎖水保濕……等功效。

9. 使用時應注意

除薰衣草和茶樹精油有些時候可以不經稀釋直接使用外，針對芳療按摩時，通常都會先將精油稀釋於植物油（基底＜礎＞油）中再使用。使用精油前可以先做簡單的皮膚測試，尤其是有過敏性體質的人。此外，由於精油的分子細小（有些合成香精分子也是），很容易透過肌膚進入血液與身體的體液中，雖然這是精油具有價值的重點，但由於懷孕時的肌膚會更具有浸透性，且較敏感，有些精油（特別是柑橘類精油）能夠穿透胎盤的障壁。儘管沒有證據顯示出母體使用植物精油會導致未出生嬰兒的傷害，但若在懷孕期間使用一些具有催經功效的精油就可能具有危險性，特別是懷孕的前 3 個月，因為這段期間的流產率比較大。此外對懷孕婦女具有潛在危險性的精油是屬於一些具有強烈神經刺激性、或是對肝臟、腎臟具有刺激作用的植物精油。因此，懷孕婦女若要使用精油需相當謹慎，一定要確實確認精油的安全性，最好能事先請教有經驗的芳療師做確認。

※任何精油在使用前最好都能事先請教有經驗的芳療師。

目前衛福部食藥署針對精油及芳香療法的規範，請參考附錄 14、附錄 14a、附錄 14b、附錄 14c。

三 市面上常見精油種類的功能和用途簡述

※ 下示功能及用途會因為植物的品種、精油產地、氣候、品質……等
條件產生差異性，故僅供參考用，並再次強調：若無合格芳療師指
導，並不建議自行使用。

(1) 洋茴香（Aniseed，植物學名：*Pimpinella anisum*）：另市面上也
常見茴香(Fennel)精油，作用不盡相同。其他精油亦同，並不逐
一贅述。

　　功能：利尿、發汗、矯味劑、具驅風作用、作為興奮劑、治胃脹
　　　　　氣、改善消化系統、安撫經痛、減輕食慾…。

　　用途：治療牙痛、肌肉痠痛、黑眼圈、減肥、使皮膚有彈性、止
　　　　　頭皮癢、促進傷口癒合……。

(2) 羅勒（Basil，植物學名：*Ociymum basilicum*）

　　功能：消除疲勞、焦慮、沮喪、提振精神、集中注意力，對支氣
　　　　　管、感冒、發燒、痛風、消化不良有效，具安撫、減緩毒
　　　　　蛇咬傷功用，健脾化濕、散瘀止痛……。

　　用途：有緊實作用、可以去皺紋、防止肌膚老化、可通暢阻塞的
　　　　　皮膚、粉刺、黑眼圈，治療癬疹、止癢、蚊蟲叮咬……。

(3) 安息香（Benzoin，植物學名：*Styrax benzoin*）

　　功能：減輕疼痛、幫助呼吸道、泌尿道、生殖器官，對胃部有安
　　　　　撫作用、幫助血液循環及關節炎……。

　　用途：可安撫情緒及神經、抗壓、對龜裂、乾燥皮膚非常有
　　　　　用……。

(4) 佛手柑（Bergamot，植物學名：*Citrus bergamia*）

　　功能：主治慢性支氣管炎、消化不良、咳嗽痰多及退燒，用於肌
　　　　　肉放鬆、按摩時可改善及安撫緊張的情緒，抗感染、治療
　　　　　女性陰道搔癢、抗菌、減輕女性經前緊張……。

用途：調理油性肌膚、使毛細孔張開、促進新陳代謝，治療粉刺、
　　　面皰、抗發炎、健胸、除臭……。

※ 日曬前勿使用，以免造成色素沉澱。

(5) 黑胡椒（Black pepper，植物學名：*Piper nigrum*）

功能：抗菌、止痛、抗痙攣、催情、發汗、消化、利尿、退燒、
　　　通便、振奮（神經循環）、健胃……。

用途：凍瘡、貧血、關節炎、肌肉痠痛、神經痛、風濕症、扭傷、
　　　黏膜炎、便祕、腹瀉、胃腸脹氣、感冒……。

※ 作用太強烈，並不建議自行使用。

(6) 洋甘菊（Chamomile，植物學名：*Matricaria chamomilla*（同
Chamomilla recutita，德國洋甘菊）；*Anthemis nobilis*（同
Chamaemelum nobile，羅馬洋甘菊）；*Anthemis mixta*）

功能：鎮靜、舒緩更年期不適、強化消化系統、抗腸潰瘍或感染、
　　　調經、通經、改善貧血體質衰弱、治療過敏（皮膚、呼
　　　吸）……。

用途：治療皮膚炎、濕疹、膿瘡、粉刺、微血管曲張、調理曬傷、
　　　燙傷、超敏感膚質、安撫情緒、放鬆心情、抗失眠……。

※ 若精油品質、來源有保障，想要的功能幾乎都有。

(7) 胡蘿蔔籽（Carrot seed，植物學名：*Daucus carrota*）

功能：對肝臟和膽囊有非常好的滋補功效、可以治療濕疹、牛皮
　　　癬、皮膚潰瘍、月經失調、貧血，舒緩經前症候群，促進
　　　造血，調理賀爾蒙……。

用途：改善老化的肌膚或皺紋、調理敏感性肌膚、淡化老人斑及
　　　各種疤痕、活化肌膚、促進傷口結疤……。

(8) 雪松（Cedarwood，植物學名：*Cedrus atlanticus*）

功能：抗菌、收斂、抗痙攣、利尿、通經、祛痰、殺蟲、促進循環、抗皮脂漏……。

用途：可以去除粉刺、頭皮屑，調理油性髮質、膚質，治療癬疹、風濕症、關節炎、咳嗽、支氣管炎、黏膜炎、膀胱炎，強化泌尿系統……。

(9) 肉桂（Cinnamon，植物學名：*Cinnamomum zeylanicum*）

功能：可以幫助血液循環、心肺及消化功能、促進血液循環、有助於呼吸困難及消化不良……。

用途：溫和的收斂效果、對鬆弛組織有緊實效果、清除疣類、抗沮喪、安撫、消除緊張……。

(10) 快樂鼠尾草（Clary Sage，植物學名：*Salvia sclaera*）：

芳香療法中較喜歡用快樂鼠尾草精油取代鼠尾草精油（Sage，植物學名：*Salvia officinalis*），因為鼠尾草精油的療效快樂鼠尾草精油幾乎都有，但鼠尾草精油中的有毒成分－側柏酮（某些鼠尾草精油中含量高達 45%）快樂鼠尾草精油中卻沒有。

功能：可以減輕各種緊張和壓力同時放鬆肌肉（開車前不適合使用），可以治療偏頭痛、產後憂鬱、氣喘、放鬆痙攣的支氣管，減輕氣喘患者焦慮和緊張的情緒，調經、改善經血不足和周期不定的問題（前半段可用，後半段用可能會引發大量出血），避免流和過多，降低皮脂腺的分泌，壯陽催情……。

用途：對油性髮質或頭皮屑效果佳、幫助治療青春痘、收斂毛孔……。

(11) 絲柏（Cypress，植物學名：*Cupressus sempervirens*）

功能： 對所有過度現象都有幫助，特別是體液方面。收斂止血、浮腫、靜脈曲張、風濕痛、蜂窩性組織炎、流行感冒、對生殖系統極有益……。

用途： 調理油膩及老化肌膚、瘦身、保濕、促進結疤、消除疲勞、舒緩憤怒情緒、舒緩內心之緊張及壓力，淨化心靈…。

(12) 尤加利（Eucalyptus，植物學名：*Eucalyptus globules, E. radiate and others*）

功能： 吸入可治療感冒、2%精油可以殺死空氣中70%之葡萄鏈球菌、殺菌、除臭、抗發炎……。

用途： 治療粉刺、舒筋、肌肉放鬆……。

(13) 乳香（Frankincense，植物學名：*Boswellia carteri*）：

功能： 對肺臟非常好，是最適合治療呼吸道感染的精油之一，是一種有效的肺部殺菌劑；可以舒緩氣喘及咳嗽，調節黏液分泌、治療支氣管黏膜炎（如慢性支氣管炎）等病症。對尿道和生殖道的影響力很強，具有調順子宮的作用，適合懷孕及待產婦女使用。可以增強心靈、平順呼吸、賦予希望、使精神好轉……。

用途： 調理受刺激的、老化的肌膚、賦予老化肌膚活力、幫助肌膚恢復彈力，改善皺紋，平衡油性肌膚，促進傷口癒合……。

(14) 天竺葵（Geranium，植物學名：*Pelargonium graveolens, P. capitatum, P. radens*）

功能： 安撫神經痛、舒緩更年期、可助肝、腎排毒、治療出血、瘀青、利尿、消除蜂窩性組織炎……。

　　　用途：調理油膩、粉刺、毛孔阻塞、鬆垮及老化肌膚、促進血
　　　　　　液循環、放鬆緊繃的神經、舒解壓力、提振情緒……。

(15) 薑（Ginger，植物學名：*Zingiber officinalis*）

　　　功能：安定消化系統、減輕感冒症狀、治療偏頭痛、頭暈、調
　　　　　　節因受寒而規律不整的月經、改善體內多餘水分囤積、
　　　　　　使身體暖和……。

　　　用途：去頭皮屑、減肥、改善蜂窩性組織炎、調理油性肌膚、
　　　　　　散瘀血、舒解倦怠感、強化記憶力……。

(16) 葡萄柚（Grapefruit，植物學名：*Citrus paradisi*）

　　　功能：穩定沮喪情緒、減輕偏頭痛、有益消化系統、利尿、消
　　　　　　毒、滋養組織細胞、治療體內水分滯留、治療淋巴腺系
　　　　　　統之疾病、舒緩支氣管…。

　　　用途：調理油膩、不潔的肌膚、改善毛細孔過於粗大、減肥、
　　　　　　治療蜂窩性組織炎、改善皮膚光澤、舒緩壓力、使人愉
　　　　　　悅、抗沮喪……。

※ 日曬前請勿使用，以免造成色素沉澱

(17) 茉莉（Jasmine，植物學名：*Jasmineum officinale / J. grandiflorum*）

　　　功能：催情、增強神經作用、助男性生殖系統、具強化、收縮
　　　　　　的效果、促進乳汁分泌、幫助呼吸系統、促進傷口癒合、
　　　　　　調整情緒……。

　　　用途：調理乾燥及敏感性肌膚、治療皮膚炎、淡化妊娠紋與疤
　　　　　　痕、適用於所有類型的膚質、增強皮膚彈性、改善老化
　　　　　　肌膚、舒解緊繃的神經、抗煩躁及更年期憂鬱……。

(18) 杜松（Juniper，植物學名：*Juniperus communis*）

功能： 治療尿道疾病、幫助消化、排除體內多餘的水分（消除水腫現象）、減輕疲勞、提神醒腦、減輕風濕、關節疼痛、治療蜂窩性組織炎、排毒、舒緩經痛、清除尿酸⋯⋯。

用途： 改善粉刺、毛細孔阻塞、皮膚炎、油性膚質、頭皮的脂漏症⋯。有激勵的功效、可以淨化氣氛，是服務業的好幫手。

(19) 醒目薰衣草（Lavandin，植物學名：*Lavandula hybrida*）

功能： 保肝健肺、驅逐跳蚤、蚊蟲，消毒、殺菌、除臭，抗感染，吸入可治療感冒、鼻喉黏膜炎、和其他呼吸系統症狀⋯⋯。

用途： 促進血液循環，治灼傷、傷口，促進皮膚細胞再生⋯⋯。

(20) 薰衣草（Lavender，植物學名：*Lavandula vera, L. officnalis, L. angustifolia*）

功能： 有鬆弛及滋補效果、是神經和情緒系統之均衡劑，可治療神經性失眠、強化消化性系統、呼吸系統及泌尿系統、頭痛、驅蟲、治療燒燙傷、灼傷很有名、治療女性疾病、心悸、香港腳、抗感染、減輕（偏）頭痛、增進新陳代謝⋯⋯。

用途： 促進血液循環、促進皮膚細胞再生、可幫助傷口癒合、治療燒燙傷、面皰、粉刺、濕疹、瘀青、牛皮癬、調理肌膚、安撫情緒、鎮靜、振奮人心、消除沮喪、撫平內心所受重大震撼⋯⋯。

※ 因有降低血壓的功效，低血壓患者應注意使用劑量，劑量太高可能會產生呆滯現象。

(21) 檸檬（Lemon，植物學名：*Citrus limonum*）

　　功能：治療蜂窩性組織炎、咽喉痛、心絞痛、流行性感冒、改善靜脈曲張、改善胃灼熱及酸性體質、刺激紅血球細胞形成、治療關節炎、改善體內水分滯留、抗菌、促進新陳代謝……。

　　用途：油性肌膚的保養品、可收斂毛細孔、消除妊娠紋及疤痕、促進新陳代謝、治療面皰、粉刺、黑斑、消炎、美白、抗沮喪、憂鬱、增加自信、激勵人心、有助澄清思緒……。

※　日曬前請勿使用，以免造成色素沉澱。

(22) 檸檬香茅（Lemongrass，植物學名：*Cymbopogon citracus*）：

　　功能：能刺激副交感神經、激勵消化系統的肌肉、可以治療傳染病、呼吸道感染、肌肉疼痛，消毒、殺菌、除臭力強，驅蟲效果佳…。

　　用途：平衡油脂、改善毛孔粗大，粉刺、香港腳……。

(23) 馬鬱蘭（Marjoram，植物學名：*Origanum majorana*）

　　功能：鎮靜、安定、治療水腫及痙攣、偏頭痛、消除肌肉酸痛、舒緩高血壓、治療關節炎、改善消化不良、胃弱、減輕扭傷、瘀青、幫助血液循環、增強神經系統、改善靜脈曲張、治療失眠……。

　　用途：治療粉刺、調理油膩不潔之肌膚、促進皮膚結締組織的新陳代謝、減輕內心的恐懼、安撫神經系統、抗沮喪、憂鬱、抗壓力、具有溫暖情緒的作用……。

(24) 沒藥（Myrrh，植物學名：*Commiphora myrrha / C. molmol*）

功能： 殺黴菌的功能良好、可以治療濕疹、香港腳…等皮膚病，治療牙齦發炎，防止肺部發炎、舒緩氣喘及咳嗽，對婦科有幫助……。沒藥和乳香共同的功效在於：都可以治療胸腔感染、鼻喉黏膜炎、慢性支氣管炎、感冒和喉嚨痛。沒藥還是優良的肺部殺菌劑、袪痰劑和收斂劑。

用途： 調理老化肌膚、賦予老化肌膚活力，改善皺紋、粗糙龜裂的手腳，治療不易癒合的傷口……。

(25) 橙花（Neroli，植物學名：*Citrus aurantium, var. amara*）

功能： 催情劑、放鬆心情、減輕焦慮、沮喪及壓力、有良好的安撫作用、治療頭痛、痙攣、失眠、調整心律、舒緩生理期之症狀、改善體內廢物囤積……。

用途： 活化細胞、促進皮膚細胞再生、使皮膚有彈性、治療皮膚炎、改善乾燥或敏感的肌膚、消除疤痕及妊娠紋、催眠、增強自我肯定、舒解壓力或心靈創傷、鼓舞沮喪的內心……。

※ 因易使人放鬆心情，所以不適合需要頭腦清晰、集中注意力時使用。

(26) 肉荳蔻（Nutmeg，植物學名：*Myristica fragrans*）

功能： 催情、促進血液循環、改善虛弱體質、增強消化系統、降血壓、舒緩肌肉疼痛、舒緩生理痛、促進食慾、放鬆緊繃的肌肉、預防便秘、舒緩風濕、關節痛……。

用途： 促進血液循環、有益毛髮生長、消除內心的無力感、恢復精神活力……。

(27) 橙（柳橙、甜橙，Orange，植物學名：*Citrus aurantium*）

　　功能：　清新、鎮靜、強化消化系統、促進食慾、防止便秘、抗
　　　　　　發炎（尤其是口角炎）、消除水腫、控制淋巴系統、抗
　　　　　　壓、舒解肌肉疼痛、降低膽固醇……。

　　用途：　油性肌膚適用、改善乾燥膚質、促進血液循環、促進皮
　　　　　　膚細胞再生、對皺紋和妊娠紋有效、可美白、消除緊張、
　　　　　　振奮人心、治療歇斯底里……。

※　日曬前請勿使用，以免造成色素沉澱。

(28) 玫瑰草（馬丁香，Palmarosa，植物學名：*Cympobogon martini, var. Motia*））

　　功能：　止痛、抗疲勞、放鬆緊繃的肌肉、是消化系統的補藥、
　　　　　　可以治療發燒和腸胃炎……。

　　用途：　調理油膩、不潔的肌膚、可治療皮膚炎、促進細胞再生、
　　　　　　改善疤痕、皺紋、治療粉刺、皮膚保濕、保養、抗疲憊、
　　　　　　提振效果、讓人展現獨特的吸引力…。

(29) 廣藿香（Patchouli，植物學名：*Pogostemon patchouli / P.cablin*）

　　功能：　抗感染、治療香港腳、毒蟲叮傷、毒蛇咬傷、退燒、促
　　　　　　進傷口癒合、因具有抑制胃口的特性、可幫助減重、助
　　　　　　身體排水、消除蜂窩組織、強化中樞神經……。

　　用途：　調理過於乾燥的肌膚、改善皺紋的產生、預防發炎、調
　　　　　　理皮膚乾裂、促進細胞再生、可治療疤痕、皺紋、粉刺、
　　　　　　濕疹、小膿疹、賦予信心、抗沮喪、憂鬱、消除嗜睡、
　　　　　　減輕內心的緊張……。

※　低劑量有鎮定效果，高劑量反而會造成刺激作用。

(30) 薄荷（Peppermint，植物學名：*Mentha piperata*）

功能： 提神、減輕頭痛、治療感冒、傷風、支氣管炎、抗感染、減緩關節或肌肉痛、治療鼻黏膜炎、促進新陳代謝、止暈眩、有益神經系統、具解毒作用、有益呼吸及消化系統……。

用途： 調理油膩、不潔的肌膚、可治療皮膚炎、改善粉刺、對皮膚有清爽收斂效果、止頭皮癢、除臭、振奮疲憊的心靈、安撫憤怒、歇斯底里與恐懼狀態……。

※ 使用時請採低劑量，高劑量可能會刺激敏感性肌膚。

(31) 松(Pin)

功能： 抗菌、助呼吸道、治療感冒、清除鼻涕和痰、助循環作用、助消化系統、對子宮炎有效、痛風、坐骨神經痛……。

用途： 溼疹、乾癬、癒合傷口、安撫受刺激的皮膚、有益於虛弱感、提振心靈……。

(32) 玫瑰（Rose，植物學名：*Rosa centifolia / Rosa damascene, var. Kazanlik*），前者又稱為摩洛哥玫瑰：

不同的品種和萃取方式所得到的精油功效不盡相同，氣味也有些差異。玫瑰精油的化學組成非常複雜，已知有超過 300 種化學物質組成了 86%的精油，另有 14%的微量化合物；含量比例不同，會導致玫瑰精油的氣味和療效不同。因產油量少且費人工，價格一直居高不下。

功能： 壯陽催情、強化子宮、調理荷爾蒙、舒緩經前症候群、治療月經失調、抗菌、活化血管、抗憂鬱、有調和神經系統和胃臟、肝臟、及腎臟的功效……。

用途：改善乾性、敏感性及老化的肌膚、促進細胞再生、淡化
各種斑點及疤痕、活化肌膚、促進傷口結疤，調理和收
斂微血管……。

(33) 迷迭香（Rosemary，植物學名：Rosmarinus officinalis/ R. pyramidalis）

功能：可改善禿頭、支氣管炎、感冒、頭皮屑、腹瀉、脹氣、
肥胖、頭痛、驅風、助語言、聽覺、視覺方面的障礙、
增進集中注意力、強化肝臟及心臟功能、抗發炎、治療
發燒或感冒、減輕肌肉酸痛、治療蜂窩組織炎、肥胖
症……。

用途：刺激毛髮生長、使頭髮黑亮、去頭皮屑、改善缺氧、幫
助散熱、是很強的收斂劑、調理油膩、不潔的肌膚、可
治療皮膚炎、粉刺、濕疹、改善老化肌膚、延緩皺紋出
現、提升注意力與意志力、強化自我認同、可以幫助自
我冥思的工作、刺激腦部運動…。

※ 不適合高血壓及癲癇患者使用。

※ 長期過量使用迷迭香精油容易引起抽筋症狀。

(34) 花梨木（Rosewood，植物學名：*Aniba rosaeodora*）

功能：止痛、鎮靜、抗痙攣、抗菌、催情、除臭、舒緩暈船或
反胃、紓解喉嚨發癢的咳嗽、加強免疫系統細胞再生、
是慢性病的良方……。

用途：可以刺激細胞再生、調理敏感、晦暗及老化肌膚、治療
粉刺、面皰、皮膚炎、疤痕、皺紋、感冒、咳嗽、發燒、
頭痛、反胃、神經緊張、平衡中樞神經、減輕內心沮喪、
消除心中之恐懼感、解除疲勞……。

(35) 鼠尾草（Sage，植物學名：*Salvia officinalis*）

　　功能： 可規律經期、對女性生殖系統有幫助、有益不孕症的治療、提神、減輕關節炎、感冒、消除肌肉疼痛和長期精神緊張、改善因體內水分滯留的肥胖症、提升血壓、促進腎上腺皮脂分泌……。

　　用途： 對毛孔粗大、疣及富貴手有療效、改善溼疹、皮膚炎、粉刺、對乾性肌膚有保濕效果、化瘀血、可促進傷口癒合、減肥、振奮疲憊的心靈、減輕內心沮喪、增強記憶力、用量少時對神經鎮靜有效……。

※ 癲癇患者請勿使用。

※ 可能會引起睡意，開車前請勿使用。

(36) 檀香（Sandalwood，植物學名：*Santalum album*）

　　功能： 有鎮靜的功能、可以消除緊張、抗痙攣、在醫學上是尿道消毒劑、治療膀胱炎、淋病、喉嚨痛、蜂窩性組織炎…。

　　用途： 調理乾性、過敏性及老化肌膚、治療粉刺、調理受刺激的皮膚、具安撫神經、鎮定的功效、可輔助冥想……。

※ 沮喪時請勿使用，可能會使情緒更低落。

(37) 茶樹（Tea tree，植物學名：*Melaleuca alternifolia*）

　　功能： 有強烈防腐、抗菌及消炎特性、是非常有效的殺菌劑、抗霉劑，吸入可治療感冒、支氣管炎、有益呼吸系統、可增強免疫力、保護因照射 X 光治療的乳癌患者能顯著減少疤痕、改善陰道炎、治療泌尿系統發炎、對一般皮膚病變均有療效……。

用途：淨化效果佳、是皮膚清潔劑、可以收斂毛細孔、治療青春痘、粉刺、膿瘡、疤疹、皮膚癢、敏感、起疹子、香港腳、頭皮屑、頭皮癢、肌肉酸痛、扭傷、關節炎、陰道感染、鎮靜、振奮心情、使頭腦清新、恢復活力……。

(38) 百里香（Thyme，植物學名：*Thymus vulgaris*）

功能：幫助肺臟功能、振奮消化系統、刺激白血球製造、加強免疫力、治療感冒、頭痛、清痰、減輕神經性疼痛、抗菌、利尿、利婦女病……。

用途：是頭皮的補藥、可以強化髮根，防止掉髮、去頭皮屑非常有效、可幫助傷口癒合、活化腦細胞、增加記憶力、注意力、振奮精神、抗沮喪、撫慰心靈創傷……。

※ 是非常強勁的精油，長期或大量使用有中毒的疑慮。

※ 高血壓患者請勿使用。

(39) 依蘭-依蘭（Ylang -Ylang，植物學名：*Cananga odorata*）

功能：催情、治療胃炎、降血壓、減輕女性月經前緊張、是子宮的補藥、消除神經性緊張、治療憂鬱、沮喪、失眠、疲勞、皮脂漏、粉刺、可作為緩和劑及鬆弛劑、幫助老化中的肌膚、刺激皮膚再生、舒緩蚊蟲咬傷、抗感染……。

用途：消除皮脂漏、幫助乾燥及老化的肌膚、刺激皮膚再生、調理皮脂分泌、催情、子宮的補藥、增加頭髮光澤、舒解壓力、抗沮喪、減輕更年期婦女內心焦慮、賦予安詳感、陶醉感……。

※ 過度使用會引起厭惡感、反胃、頭痛。

淺談芳香療法中常見的植物油脂

　　芳香療法中常見的植物油或稱為基底油(Base oil)、基礎油或媒介油(Carrier oil)，長久以來一直在芳療產品或香妝品中扮演著幕後重要的角色，但除了少數偶爾藉由商業炒作而成名的植物油外，植物油對大多數人而言似乎依然蒙著一層神秘的面紗，甚至認為植物油使用的目的只不過是為了潤滑或緩衝、稀釋、減少精油使用時因濃度過高而導致的刺激、不適或皮膚乾燥……等不良的反應。殊不知在芳療中可以拿來作為基礎油的植物油必須是不經化學提煉、不含任何防腐劑和人工添加物的油，通常是以 60℃以下低溫冷壓萃取得到的油，而日常食用的植物油則是高溫萃取得。如芝麻油，冷壓萃取得到的油通常會呈現淡淡的金黃色，不具食用麻油的香氣，只有淡淡的核果香，而食用麻油則經高溫焙炒後才會散發出濃郁的麻油香，且顏色深褐，兩者的營養價值和用途大不相同。冷壓萃取的植物油可以將植物中的礦物質、維生素、脂肪酸……等物質保存良好不流失，具有優越的滋潤營養特質，經高溫提煉的食用油已失去部分天然養分，較不適合用在芳香療法中。

　　基礎油是取自於植物的堅果、花朵、果實、種籽……等的油脂，除了可以在芳香療法中當媒介油來調和精油外，很多基礎油本身就具有醫療的效果，如來自於非洲西海岸的乳油木果樹的果脂，是當地傳統醫療中不可或缺的必需品。蘇格蘭探險家帕克(Mungo Park)是第一位記錄乳油木果脂(Shea butter)的特點的歐洲人，在北非，早在 14 世紀就有相關的記載。1940 年間的記載中顯示凡是使用乳油木果脂作為潤膚劑和護膚劑的地區居民，罹患皮膚病的機率遠小於其他地區的居民。

　　有些植物本身油脂含量不多，不易經由冷壓法取得油脂，就會採用浸泡方式，將要萃取的部分浸泡在其他植物油中，如聖約翰草油和金盞花浸泡油等。

　　購買油品時可以注意包裝上的標示：

1. Extra virgin（頂（特）級初榨）：必須經過口感與香氣的嚴選，針對橄欖油時是指油中含酸值（酸度，Acidity）在 1 % 以下。

2. Fine virgin（精緻初榨）：針對橄欖油時是指油中含酸值在 1～1.5 % 。

3. Virgin（初榨）：單純透過機器壓榨取得的油，即使有加熱也只是低溫（通常在 60℃ 以下），並不會改變油脂本身的品質；針對橄欖油時是指油中含酸值在 1.5～2 %。

4. Semi fine（半精緻）：針對橄欖油時是指油中含酸值在 3 % 左右；在台灣，市面上標示 100 % pure（含酸值在 2～4 %）屬於一般油品。

5. Virgin lampante（初榨燈油）：針對橄欖油時是指含酸值高的橄欖油，用於精煉廠或工廠內的照明用油，價格十分便宜，有流入芳療市場的趨向。

6. Refined（精煉）：涵蓋範圍很廣，可能來自初榨油，但包括酸值經過調整、脫色⋯⋯等特殊處理的油。

7. Pure（純）：涵義不清，可能是指各等級混合調配過的調和油。

8. Residue（殘渣）：不太會在市面上的標籤中出現，是從用過的冷壓的材質，以溶劑萃取方法得到的油，通常作為工業用、量產商品、烹調或化妝品用油。

　　不論是食用或當作按摩油，許多對人體有優良功效的油脂雖然名稱不同，但優點都是因為其中含有較多對人體有益、但卻無法自行合成，必需從外界食物中攝取的必需脂肪酸（Essential Fatty Acids，EFAs，大部分存在於蔬果與海鮮中），這些必需脂肪酸就像維生素、礦物質或蛋白質一樣對人體的健康有非常重要的影響。必需脂肪酸有兩項重要的功能：一是體內細胞膜和組織的重要成分；它決定了細胞膜的流動與彈性，影響每個細胞的健康和活動；如神經細胞、血球細胞；對許多免疫細胞如淋巴球和嗜中性白血球也是非常重要的，而人類的腦細胞也充滿各種必需脂肪酸，研究顯示，缺乏必需脂肪酸時，人類的腦細胞傳導功能會受到影響，因此會使記憶與學習能力降低。二是可以轉變成體內重要的調控物質，如前列腺素(Prostaglandins，PG)和白三烯素(Leukotrienes)；必需脂肪酸是體內合成前列腺素的前驅物，缺乏會引起許多重要的生理功能不全，如心跳、血壓與血管收縮、膽固醇代謝與免疫力的下降。

　　必需脂肪酸分成兩大系列－亞麻（仁）油酸和 α-亞麻（仁）油酸。最重要與最常見的必需脂肪酸是屬於 Omega-6(Ω-6，ω-6)系列的亞麻（仁）油酸，可以經由體內酵素的作用轉變成為有活性的次亞麻（仁）油酸（Gamma-亞麻（仁）油酸，γ-Linoleic Acid，GLA）。亞麻油酸普遍存在於許多天然的植物油中，如燕麥、大麥、月見草(Evening Primrose Oil，*Oenothera biennis*)、琉璃苣(Borago，*Borago officinalis*)、黑醋栗(Blackcurrant，*Ribes nigrum*)、黑種草(Black Cumin，Nigella，*Nigella sativa*)……等。但由於生活與飲食習慣的改變，我們通常無法攝取足夠的亞麻油酸，而且亞麻油酸轉化為次亞麻油酸的酵素（δ-6 去飽和轉化酶）會因為許多不良的生活習慣而被抑制；如酒精、膽固醇、飽合脂肪酸、缺鋅、緊張……等，都會影響到轉化的效率。

1930 年一位瑞士的科學家在精液中發現前列腺素這種物質後而命名，後來才發現前列腺素在人體中普遍存在，發揮不同的人體內的協同作用，並有多種不同組合(PG1、PG2 和 PG3)，每一種都有不同的化學結構，每一個類種中又可再分成不同型，以不同的字母來代表：A、B、D、E、F 等，全部加起來至少有 50 種以上，且幾乎每年都還會發現新型的前列腺素。其中 PG1、PG2 是由亞麻油酸系列、PG3 是由 α-亞麻油酸系列中海產食物富含的二十碳五烯酸(Eicosapentanoic acid，EPA)轉變得。

每一種前列腺素都有不同的功能，若不同種類之間的比例失當，就會產生許多的健康問題，其中 PG1、PG2 之間的平衡會受到飲食的影響。人體受傷發炎時，花生烯酸會大量轉變成 PG2、環氧酵素和凝血素 A2，使 PG1 的量大為減少。

醫藥界喜歡用類固醇來作為消炎與組織抗敏的配方，類固醇也的確能快速達到這個效果，只是類固醇不但副作用大，且會同時抑制「發炎性的前列腺素」與「消炎性的前列腺素」。

PGE1 對人體的功能如：擴張血管，降低動脈壓，降低血壓；抑制血栓形成及血小板凝聚，維護血液循環暢通；調節體內的雌激素、黃體酮及泌乳激素，改善經前症候群；抑制類風濕性關節炎、異位性皮膚炎、乾燥症；改善膽固醇代謝，有助健康維持；管理皮脂腺的代謝，改善皮膚失調現象；抑制氣喘和過敏。

舒緩異位性皮膚炎症狀：異位性皮膚炎(Atopic)是因為形成自次亞麻油酸的前列腺素沒有正常運作，才容易引發異位性皮膚炎。此外，臨床實驗中明確指出，次亞麻油酸對異位性皮膚炎有明顯功效，且是構成皮膚表皮細胞的必需成分，一旦不足則會引起水分調節異常，使

皮膚乾燥粗糙，這也是使異位性皮膚炎症狀惡化的原因之一。形成自次亞麻油酸的前列腺素能改善肌膚乾燥、發炎、搔癢及發作的頻率。

　　紓解經前症候群(PMS)：月經是從卵巢內培育卵胞開始，腦下垂體分泌卵胞荷爾蒙，接著成熟的卵子會從卵胞內分裂，形成排卵。排卵後，卵胞會變成黃體，分泌黃體荷爾蒙，並調整子宮內膜，做好授精卵著床及懷孕的準備。若沒有授精，子宮內膜會失去作用、剝落，並隨血液排出而成月經。當子宮要將血液擠出子宮時，因收縮造成的疼痛即為經痛。人體對女性荷爾蒙分泌的控制很敏感，易受壓力、環境變化、虛寒症、激烈減肥等影響。

　　舒緩更年期症狀：隨著年齡增加，卵巢功能會衰退、雌激素的分泌也會減少，因而使荷爾蒙的分泌中樞－腦下垂體為了刺激卵胞分泌而增加卵胞刺激荷爾蒙的分泌量。當腦下垂體分泌刺激素，卵巢卻無法回應時，就會形成不平衡狀態，使自律神經只能空轉，而出現因雌激素不足引發的不適，及更年期障礙。

一　常見植物油脂介紹

　　以下介紹一些常見的基礎油，其中的功效、特質……等敘述是針對真正高品質的油脂才能具備的。

1. 甜杏仁油(Almond oil)：植物學名：*Prunus amygdalis var. Dulcis* (Sweet)。

　　屬於中性的基礎油，由杏樹果實壓榨得，主要產於環地中海區的希臘、義大利、法國、西班牙及北非等地。是使用相當廣泛的基礎油，購買時要與會釋放氫氰酸(Hydrocyanic acid)、具有毒性的苦杏仁油區分。

淡黃色，味道輕，具潤滑性但非常清爽，是中性不油膩的基礎油。富含礦物質、脂肪酸、維生素 A、B_1、B_2、B_6、E 及蛋白質。

質地輕柔屬於高滲透性的天然保濕劑，滋潤、軟化膚質功能良好，親膚性佳，可以改善皮膚乾燥、發癢的現象，有消炎、止癢、抗紅腫等作用。可以促進細胞更新，修護面皰、粉刺、富貴手與敏感性肌膚，消除妊娠紋，嬰兒也可以使用。用甜杏仁油按摩因運動過度引起的肌肉疼痛，可以加強細胞帶氧功能，消除疲勞與累積的乳酸，具有陣痛和減輕刺激的作用。

適量食用杏仁油可以平衡內分泌系統的腦下垂體、胸腺和腎上腺，促進細胞更新。

2. 杏核油（杏桃仁油，Apricot kernel oil）：植物學名：*Prunus armenaica*。

取自杏桃核仁，多產於中亞、伊朗、土耳其。常和甜杏仁油混合使用。

淡黃色，比甜杏仁油濃稠、黏膩些。富含礦物質、維生素 A、B_1、B_2、B_6、C 及 GLA。

具有營養、緩和、治療的特性，可以滋潤眼睛周圍脆弱的肌膚，膚色蠟黃或臉部有脫皮現象的人非常適合，可幫助舒緩緊繃的身體，早熟的皮膚、敏感、發炎、乾燥的肌膚可添加 10～50 %。非常適合熟齡與敏感性膚質，沒有特殊的使用禁忌。

3. **酪梨油（鱷梨油，Avocado oil）：植物學名：*Persea americana Miller*，國際化妝品專用名稱 (International Nomenclature Cosmetic Ingredients, INCI：*Persea grastissima*)。**

原產於美洲的沼澤地，當地人稱為鱷魚梨，味道甜美濃郁，易消化，擁有非常高的營養價值，果皮顏色從綠到紫色都有，屬於月桂樹家族，雖然長得像梨子，但其實與梨子無關。在中美洲，土著們用它來治療疾病，也用它來滋潤飽受當地炎熱乾燥摧殘的肌膚。

酪梨油是從果肉取得，將脫水後的果肉壓榨、離心得到。剛取出的酪梨油呈鮮綠色，帶有甜甜的水果香，很快就會氧化成咖啡色，且有些許刺鼻味。

16 世紀時西班牙征服南美洲，將酪梨帶入歐洲，酪梨的土著名稱是"Ahuaguatl"，但因西班牙人無法正確發音，所以才變成了帶西班牙語腔調的"Avocado"，目前已成世界植物。

濃稠、黏膩，約添加 10 ％於按摩油中即可，不適合單獨使用。富含礦物質、蛋白質、維生素 A、B_2、D、E 及卵磷脂。滲透性高，能夠深層清潔肌膚，幫助新陳代謝，淡化黑斑，消除皺紋，抗過敏、解除溼疹和乾癬皮膚搔癢、乾燥等的不適應症狀。

酪梨油在傳統上是用來鎮定和保護皮膚，能促進細胞再生，有效的改善乾性，脆弱，因曬傷而引起的皮膚腫脹等問題；可以和芝麻油搭配使用在防曬保養品內。反覆使用於按摩，可以增加皮膚上層的含水量，強化皮膚的彈性。此外酪梨油還含有約 10 ％的固醇；多為穀固醇(Sitosterol)、菜油固醇(Campesterol)、和燕麥醇(Avenasterol)，可以和抗關節的藥物搭配使用，也可以改善更年期婦女皮膚容易早熟老化的現象。又因含有比雞蛋還多的維生素 D，若添加在陽光較少的地方的

保養品中，對當地人會有相當大的助益。此外，在印地安人的傳統藥方中，還會用酪梨油加迷迭香精油來刺激毛髮生長。

4. 琉璃苣油(Borage oil)：植物學名：*Borage officinalis*。

　　是一種一年生的草本植物，如藍色星星的美麗花朵向下低垂著，自古以來即有趕走煩憂，讓人爽朗愉快並產生勇氣的作用，又稱為藍星花或星狀花；表面有白色絨毛覆蓋的莖和葉，散發著小黃瓜般的芳香。原盛長於地中海地區如西班牙和北非，現在幾乎所有歐洲國家、不列巔群島和整個北美洲都有栽種；藍星花朵是蜜蜂的最愛，也可以點綴在砂糖果子、沙拉、蛋糕上當裝飾，或放在水中結成美麗的冰塊，或直接放入酒中、可充分品味芳香和色澤的變化；深愛紅酒的英國人會把琉璃苣的葉片加在紅酒中做成草藥紅酒；新鮮的葉子也可以加在湯和沙拉中或當成菠菜食用，德國人至今仍會把琉璃苣籽加在各式食物中。

　　由於葉子上有長毛，會刺手，不易處理。花期從 5 月到 9 月，含有豐富的花蜜，果實中含有約 40 %的油脂，其中亞麻仁油酸約含 30〜40 %，次亞麻仁油酸約含 8〜25 %，是目前所知 GLA 含量最高的植物之一，藥草學家在很久以前就認定琉璃苣油對哺乳中的婦女有益，且有販售做成膠囊的健康食品。

　　食用或使用琉璃苣油當作按摩油可以增強免疫系統，改善經前及更年期症候群、關節炎、降低血壓及膽固醇，對乾燥、老化、濕疹、皮膚炎、牛皮癬等的皮膚都有幫助，也常添加在抗老、除皺的產品中，各種肌膚都適用，無特殊禁忌，但價格較高。

5. 胡蘿蔔油(Carrot oil，oleoresin)：植物學名：*Daucus carota*。

胡蘿蔔油的主要來源是俗稱安妮女皇的鞋帶(Queen Anne's lace)的野生胡蘿蔔的浸泡油（通常是用葵花油），因為含有豐富的 β-胡蘿蔔素，所以呈現美麗的橘紅色。也有些是用溶劑萃取胡蘿蔔素後、加入玉米油稀釋，因此品質參差不齊；不同於無色的、從胡蘿蔔籽蒸餾出的精油。β-胡蘿蔔素是體內合成維生素 A 的先驅物質，若體內缺乏維生素 A 會導致肌膚乾燥和皮脂腺萎縮及夜盲症。胡蘿蔔素有抗自由基的功能，因此會被添加在抗老化的食品中，也可添加在防曬或曬後保養的用品中。

6. 篦麻油(Castor Oil)：植物學名：*Ricinus communis L.*。

篦麻原產於非洲或印度，是生長極為迅速的草本植物，主要生產篦麻油的國家有印度、巴西和中國。和橄欖油、辣木(Morigna)的使用都有悠久的歷史；古埃及人把篦麻油當作瀉藥，羅馬人利用它來改善皮膚的問題；包含肝斑、老人斑等，在北美洲，它是許多傳統醫藥秘方中的主要原料，也是很好的護髮油，但味道強烈。

篦麻油是用成熟的種子利用冷壓法萃取出無色至淡黃色的油，油的穩定性高、不易變質，成分中含量最多的是篦麻子油酸（Ricinoleic acid，約 90％），不含篦麻種子中所具有的篦麻毒（篦麻種子在高溫下會釋放出此種有毒物質）；有氣喘病、皮膚會長紅斑或是眼睛不適的人不適合食用篦麻種子。

篦麻油會引發小腸蠕動，食用後 2～8 小時內就會通便。亦可以用來處理、軟化皮革及防水；添加在各種化妝品、透明香皂中當原料，但因太濃稠，不適合單獨使用在芳香療法中。

篦麻油磺化或氫化後可以當作水相的分散劑，因此常添加在口腔清新劑或沐浴油中當作精油的媒介。

7. 椰子油(Coconut oil)：植物學名：*Cocos mucigera*。

屬於棕櫚樹的椰子樹原產於印度洋，適合生長在低緯度、炎熱、潮濕的沿海地區。常見的椰子油產品有白色或淡黃色、固體的、純的椰子油，和氫化的椰子油。此外，許多化妝品公司會把十二烷基硫酸鹽(Lauryl sulfate)類的陰離子型界面活性劑稱為由天然椰子萃取的活性清潔物質，讓大家覺得是天然的產品。

椰子油的成分中大多是飽和的油脂，其中含量最多的是月桂酸(Lauric acid)，所以非常穩定，易保存；可以軟化和滋潤毛髮、肌膚，於 25℃時就會熔化，也被用在防曬、護脣和沐浴產品中，價格便宜。

8. 南瓜籽油(Gourd oil，Pumpkin seed oil)：植物學名：*Cucurbita pepo*。

一年生的田園植物，有許多不同的品種，其中美洲南瓜白色的果肉和種籽常被使用在藥物中。

冷壓榨的南瓜籽油中含有豐富的亞麻油酸（約 30～45 %），和油酸（Oleic acud，約 35～47 %），及維生素 A、D 和胺基酸，對兩性的生殖系統都有幫助，並且有良好的滋潤和修復作用，可以添加在各式產品中，適合乾性、受損和成熟型的肌膚。

9. 葡萄籽油(Grapeseed oil)：植物學名： *Vitis vinifera*。

隨著葡萄品種的不同，葡萄籽中的脂質只有 5～20 %，所以需要經過高壓和加熱處理（冷溫壓榨後再進行額外的處理），才能得到市面上

的葡萄籽油。原油通常是深色的，加工後會因為品種和製造方式，不同，顏色從無色到深綠都有，價格低廉，傳統芳療師只喜愛用冷壓方式取得的產品。

葡萄籽油中最令人稱道的是亞麻油酸(Linoleic acid)和原花色素(Oligo Proanthocyanidin, OPC)。亞麻油酸屬於人體必需卻又無法合成的必需脂肪酸，可以抵抗自由基、抗老化、幫助維生素 C、E 的吸收、強化循環系統的彈性、減少紫外線的傷害、保護肌膚中的膠原蛋白、改善靜脈腫脹和水腫，並預防黑色素沉澱。OPC 具有保護血管彈性、防止膽固醇囤積在血管壁上並可減少血小板凝固。對皮膚而言，OPC 可以減少皮膚受紫外線的傷害、減少膠原纖維和彈力纖維受損，使肌膚保持應有的彈性，減少皮膚下垂產生皺紋。

無味、細緻、清爽、不油膩。維生素 B_1、B_3、B_5、C、F、葉綠素、微量礦物元素、必需脂肪酸、果糖、葡萄糖、礦物質、鉀、磷、鈣、鎂及葡萄多酚。滲透性強，適合各種肌膚，尤其是敏感性、粉刺油性肌膚。強化環系統的彈性、減少紫外線的傷害、保護肌膚中的膠原蛋白、改善靜脈腫脹和水腫，和預防黑色素沉澱。

葡萄籽油中還含有強力的抗氧化物質如牻牛兒酸、肉桂酸、香草酸等，白天使用須擦去皮膚上多餘的油脂，以免受紫外線照射後形成黑色素沉澱。

10. 榛果油(Hazelnut oil)：植物學名：*Corylus avellana*。

在歐洲隨處可見榛果樹，尤其是地中海和黑海等水果種植繁多的地區，曾經是人類和動物渡過寒冬的主食。

榛樹果實中約 40 %的重量是油脂，很容易用冷壓法萃取出質地清爽、帶有特殊味道的榛果油，其中約 71～87 %是油酸，7～18 %是亞麻仁油酸，另含有豐富的維生素 A、B、E 和蛋白質、礦物質；不同等級的榛果油使用目的亦不同。

榛果油對皮膚的滲透力比甜杏仁油好，質地清爽，不會在皮膚上留下油污，可單獨使用來保護頭髮。具有收斂和淨化肌膚的功效，可以改善青春痘和粉刺，油性膚質和毛孔粗大的肌膚特別適用，可以添加在各式產品中。榛果油有過濾陽光的功效，可以和芝麻油混合後添加一點金盞花浸泡油，當作曬後護膚油，或添加在防曬產品中。

11. 荷荷葩油(Jojoba oil)：植物學名：*Simmondsia chinensis*。

荷荷葩是一種野生的長青灌木，生長在美國西南方的索諾拉沙漠和墨西哥全境的乾燥地區，現在被栽培在從以色列到非洲南方的乾燥地區。即使一整年都缺乏雨水灌溉，荷荷葩仍能夠抵擋沙漠地區的極端氣候。天生屬於多油植物，種子內含有高達 60 %油脂，美洲的原住民一直都用荷荷葩油來護髮與烹調，甚而是醫療。最佳的荷荷葩油呈現金黃色，是冷壓萃取得到的，就化學結構式而言，荷荷葩油屬於植物蠟而不是油，因而穩定性極高，可耐高溫，7℃以下會凝結，是滲透性和延展性特佳的基礎油，適合油性、敏感性皮膚、風濕、關節炎、痛風的人使用，也是極佳的護髮物質。

味道輕，非常滋潤、油質輕滑似人類的皮脂腺分泌的皮脂。富含礦物質、維生素 D、蛋白質。是很好的滋潤及保濕油，具有良好的滲透性與穩定性，能維護皮膚的水分，預防皺紋、軟化皮膚、控制油脂分泌，適合油性、發炎、濕疹、面皰、成熟及老化的肌膚。可以改善

粗糙的髮質，是頭髮用油的最佳選擇，甚至可以防止頭髮曬傷、柔軟頭髮、幫助頭髮烏黑、預防分叉。

12. 昆士蘭果油（澳洲堅果油，Macadamia nut oil）：植物學名：*Macadamia ternifolia*。

昆士蘭果樹是澳洲東岸布里斯本地區的本土植物，當地人稱為灌木果(Bush nut)或昆士蘭果(Queensland nut)，在 1881 年被引進夏威夷，現在夏威夷反而成了最大的產地，所以也常被翻譯為夏威夷核果油，但易與另一種同樣翻譯的 Kukui nut oil 混淆；昆士蘭果油通常都是冷溫壓榨所得。

昆士蘭果油顏色淡黃，含有皮膚形成油脂保護層所必需的養分，是一種優質的按摩油，滲透性佳，按摩後能迅速滲入皮膚底下，卻也能在皮膚表面保有一層可推滑的油層，組成分與人體的皮脂近似。

油性溫和不刺激，延展性好，有油膩感，通常在按摩油添加 10 % 即可，否則會因過於滋潤導致毛孔悶熱而無法承受。富含礦物質、蛋白質、多重不飽和脂肪酸和棕櫚油酸。可以保濕、滋潤、修復細胞、保護細胞膜避免產生酸敗（過氧化反應）、使肌膚柔軟、有活力，昆士蘭果油含有大量的棕櫚油酸(Palmitoleic acid，16～23 %)，是延緩皮膚和細胞老化不可或缺的成分，文獻記載在更年期時皮膚中的棕櫚油酸含量會大幅度的降低，因此昆士蘭果油可以添加在任何抗老化的產品或療法中。此外還含有 54～63 %同樣屬於單一不飽和脂肪酸的油酸(Oleic acid)，所以對於循環系統有問題的人而言營養價值相當高。

13. 橄欖油(Olive oil)：植物學名：*Olea europaea*。

橄欖樹是一種非野生的常青樹，傳說中提到在眾神的競賽裏，女神雅典娜因為呈獻橄欖樹給天神宙斯而獲得獎賞。希臘和羅馬的許多文學中也經常會提到橄欖樹和橄欖油。大量種植在義大利、西班牙、葡萄牙、希臘、突尼西亞、摩洛哥和敘利亞等地。即使在水分不多的環境下橄欖樹還可以生長得很好，但不耐寒。橄欖的果實會先呈現綠色，再轉為紅色，熟成時則變為黑色；果肉含有油脂，口感取決於果實的成熟度。

橄欖油是歐洲主要的烹飪用油，美食者非常喜歡研究橄欖油的品質和不同的口感。冷壓初榨的橄欖油(Virgin, cold press olive oil)是品質最好的油，適合芳香療法用；油的顏色會隨果實的成熟度從淺黃到深綠色不一；橄欖油有很多不同的等級，價格差異相當大。

油質黏重，氣味強烈，不適合單獨用於按摩油。富含單元不飽和脂肪酸（特別是油酸，60～85％）、多元不飽和脂肪酸（如亞麻仁油酸，9～14％）、蛋白質、維生素 E 等。刺激性低，可以緩和曬傷，能舒緩緊張，對心血管循環很好，可以護髮、除皺、滋養肌膚，使皮膚變得柔軟、有彈性。用來浸泡指甲，可以讓指甲變強韌。具有消炎的特性，可以用來處理燙傷、皮膚炎、濕疹、乾癬、敏感性和龜裂的皮膚。

橄欖油主要用在烹飪和製作沙拉醬，這是從橄欖油獲得對健康有益的最佳方式。所謂地中海型的飲食就是食物中含有豐富的橄欖油，也是對心臟病患者有益的飲食。文獻證明，食用不含膽固醇的單一不飽和脂肪也會有同樣的效果，且能降低胃酸，適度通便，並能協助刺激膽汁分泌。

14. 芝麻油(Sesame oil)：植物學名：*Sesamun indicum*。

芝麻生長在中國、印度、巴基斯坦、希臘和南美洲等地。最高級的芝麻油是用冷壓榨得到的（不同於加高溫壓榨的食用芝麻油），富含營養的油脂；其中含有約37～42%的油酸和約30～47%的亞麻仁油酸。

芝麻油對肌膚的滋潤、修復、強化效果非常好，是很好的按摩油，可以約 20 %的濃度和其他的按摩油搭配調和使用。另因含有芝麻素(Sesamine)和 Sesamoline，所以保鮮和清除自由基的功能佳；同時也是天然的防曬劑，約可過濾掉 25 %來自於陽光的輻射線；此外還具輕微的親水性，可以作為泡澡時的用油。

15. 乳油木果脂(Shea butter)：植物學名：*Butyrospermum parkii*。

乳油木果樹來自於非洲，由探險家蒙哥帕克(Mungo Park)引進歐洲，所以用他的名字來命名；非洲的女性用它來放鬆身體、保養肌膚；當地人用它來當作食品及藥品。乳油木果樹要生長 40 年後才會有好的生產力，一棵樹大約能產 20 公斤的果實，可以取出約 4 公斤的果核。製造出約 1.5 公斤的乳油木果脂；從黃綠色到白色的膏狀物質。

有兩種得到乳油木果脂的方式，一是用冷壓法，但產量不高；另一種是用己烷萃取，多用於食品工業。成分中含有大量的油酸（約 40～45%）、硬脂酸（約 30～45%），3～9%亞麻仁油酸和 3～5%棕櫚酸，及較少見的三萜醇(Triterpene alcohols)和蛇麻脂醇(Lupeol)。品質會隨品種、採收及處理方式和季節變化而不同，一般以從 *Magnifolia* 品種得到的品質最好。

　　乳油木果脂又稱為雪亞脂，有過濾紫外線的保護作用。也具有促進細胞再生和微血管循環的作用，對於龜裂的傷口和潰瘍的皮膚有療癒的效果，馬利人用它來處理扭傷、肌肉疼痛、風濕，常添加在各種乳化產品中使用，可以讓皮膚變得更柔軟、有彈性。

16. 大豆油(Soybean oil)：植物學名：*Glycine max / Soja hispida*。

　　大豆是中國當地的植物，現在全亞洲都有種；目前以基因改造過的大豆較多；芳香療法中使用冷壓榨取得的大豆油，不同於食用的大豆油。

　　大豆油富含多元不飽和脂肪酸，其中含有約 50～62 %的亞麻仁油酸和約 4～10 %的次亞麻仁油酸，17～26 %的油酸及卵磷脂、維生素 E 等物質。可以加在各式產品中當作分散劑、乳化劑、潤膚劑等，能夠強化皮膚、預防水分流失。

17. 葵花（籽）油(Sunflower oil)：植物學名：*Helianthus annus*。

　　向日葵原來生長在美洲，16 世紀時才被引進歐洲，蘇俄人最早懂得使用葵花油；如今已經成為用途最廣、栽種面積也最普及的油品之一；不同品種的向日葵會產生出不同品質的油，有些含有大量的油酸，有些含有較多的亞麻仁油（約 62～70 %），是很好的烹調、醫療、或化妝保養品用油，食用的葵花油含有較少量的亞麻仁油酸。

　　葵花油含有天然菊糖(Inulin)對氣喘的處理十分有效，再調和土木香(Inula)精油效果會更好；非常適合用來處理呼吸道的問題；在歐美也用來處理風濕痛。許多植物浸泡油或藥草油都是使用葵花油當溶劑，如金盞花和聖約翰草浸泡油。

品質好的葵花油對皮膚的保養效果非常好，成分類似人類的皮脂，親膚性、滲透性極佳，且相當清爽又便宜，可以單獨當作保養或按摩用油，也適合用來稀釋較貴或較厚重、較具有油膩感的基礎油；也能用來護髮。

18. 小麥胚芽油(Wheatgerm oil)：植物學名：*Triticum sativum*。

黃棕色的小麥胚芽油取自小麥種子發芽的部位，多產於美國、澳洲等大陸地區。基本上並沒有低溫壓榨的小麥胚芽油，低溫浸泡在別種植物油中再冷壓榨、高溫壓榨、溶劑萃取和真空萃取是比較常見的方式。萃取方式不同，價格不同，營養價值不同，維生素 E 含量不同，顏色也不同。含高量的天然維生素 E，是一種抗氧化劑，只需添加 10％就可以延長複方精油的保存期限，並具有相當含量的不飽和脂肪酸。小麥是一年生的植物，有多個不同的品種大規模的栽種於全世界，包括硬小麥、軟小麥、夏麥、冬麥等。

濃稠、黏膩，不適合單獨用於按摩油。富含礦物質如鈣、磷、鐵、鋅、鎂等，不飽和脂肪酸如亞麻油酸、亞麻脂酸、油酸等，維生素 A、D、E、B_1、B_2、B_6、泛酸、菸鹼酸、蛋白質和卵磷脂。消化、呼吸及血液循環系統的配方均適用。所含的不飽和脂肪酸可以增強皮膚的新陳代謝、促進細胞及皮膚新生、延緩老化及皺紋的形成，對乾性皮膚、黑斑、疤痕、濕疹、牛皮癬、妊娠紋有適當的滋養、保濕、收斂毛孔的作用。

小麥胚芽油能清除自由基，促進人體代謝，預防老化，適量食用可以預防高血壓、動脈硬化、心臟病及癌症等多種疾病。

常見的具有特殊療效治療用油

分述如下：

1. 金盞花浸泡油(Calendula，Marigold)：植物學名：*Calendula officinalis*。

金盞花屬於園藝植物，可以栽培在任何有陽光、泥土的地方，夏天時採收完全開花的健康花朵、浸泡在溫和的油脂中做成金盞花浸泡油，在芳香療法中是非常的珍貴的油。

含類黃酮、皂質、三萜烯醇、維生素 A、B_1、B_2、D、E 等。對皮膚有很好的滋潤、細胞再生的作用；對舒緩疼痛，發炎、發癢、濕疹、尿布疹、疤痕皮膚等都有很好的療效；調入乳化產品中會呈現美麗的金黃色。

2. 紫草浸泡油（Comfrey，康富力油）：植物學名：*Symphytum officinale*。

紫草科(Boraginaceae)聚合草屬(Symphytum)植物，全株有毛，夏季開花，最初生長於歐洲及西亞，現在普遍地在美國生長。浸泡油中含有豐富的尿囊素，具很好的消炎作用，現在被廣泛用在美容產品中。又因運用在骨折、扭傷等類似傷害方面的效果非常好，因此曾被稱為編骨草(Kint bone)。

紫草曾經被拿來內服治療潰瘍和過敏性腸症，但是美國國家癌症中心在 1978 年報導，長期食用紫草根或葉的老鼠易得肝癌；1980 年美國的胃腸病學雜誌和英日醫師雜誌也發表了兩個胃腸失調的病人，由於經常服用紫草胃蛋白錠劑，最後導致肝臟受損；目前已經不再建議內服紫草了。

3. 月見草油(Evening primrose oil)：植物學名：*Oenothera biennis*。

原產於北美洲的月見草油長久以來都應用在醫藥和健康食品上，19 世紀，月見草被帶到歐洲，因它具有治療多種疾病的功效，所以很快就獲得了"King's cure all"的美譽。20 世紀初期，科學家發現在月見草的種子中含有特殊的脂肪酸－亞麻油酸(65～75 %)及次亞麻油酸(9～11%)，在歐美常被當成藥用植物使用，目前幾乎在任何地方都可以見到。

月見草又稱晚櫻草，屬於柳葉菜科、二年生草本，花從傍晚慢慢盛開，至天亮即凋謝，是一種只開給月亮看的植物，因此而得名。月見草的每個部分都有用處，具有黏性的根非常營養。印地安人是最早使用月見草作治療用途的人類，他們使用月見草治療外傷、皮膚炎等疾病。

月見草油的特性是可以合成並增加「消炎性的前列腺素」，但會抑制「發炎性的前列腺素」，這種獨特的生物活性，使得月見草成為更智慧的配方對策，大幅降低了副作用的可能，是過敏體質患者的一大福音。

除了可以對抗發炎外，還可以有效緩解經前症候群。大部分的女性幾乎有半輩子必須每個月與她的「好朋友」共度 5 至 10 天的時間，然而，月經將至約前 2、3 天開始，會因荷爾蒙的變化，加上月經來潮時子宮內膜剝落出血會引發體內因發炎引起的前列腺素的濃度上升；而 GLA 正好有抑制該物質濃度上升的作用，所以可以減低情緒不穩定、頭痛、乳房漲痛、經痛等各種經前症候群(Premenstrual syndrome, PMS)的不適反應。此外還有預防慢性病如降低凝血反應、預防血栓形成的功能，並能進而降低動脈血管硬化的發生率。

　　添加約 10 %在按摩油或各類保養品中可以改善濕疹、異位性皮膚炎，幫助指甲發育，促進傷口癒合等功效。

4. 玫瑰果油(Rose hip seed oil)：植物學名：*Rosa rubiginosa*。

　　玫瑰果油主要取自於生長在安地斯山脈和智利南部的一種野生的、長在茂密多刺的灌木叢裏的玫瑰；在冬季會長出紅色的果實。玫瑰果富含天然的維生素 C，做成糖漿，是很好的天然的維生素 C 食品。

　　傳說中的玫瑰都是白色的，直到艾芙戴蒂(Arphodite)在照料她的愛人阿多尼斯(Adonis)時不小心刺傷了自己，她的血染紅了玫瑰的花瓣，於是紅玫瑰就代表了女性愛戀熱情的象徵；白玫瑰則代表了男性對愛的著迷，尤其是羅馬人深深的沉迷於其中。

　　此植物的俗名有：麝香玫瑰（Muscat rose 或 Rose mesquita）、野玫瑰(Sweetbriar)或野薔薇(Eglantine)，和英國灌木樹籬的歐洲野玫瑰(Dog rose)非常類似，但它的葉片會散發出甜甜的香味，種名" *rubiginosa* "來自於它的葉子在秋天時會呈現出如鐵銹般的紅色。

　　萃取玫瑰果的製程需要消耗非常多的人力，用手工方式採收後，先經事先乾燥(Pre-drying)，再經由專人控制的乾燥程序(Controlled drying)、去籽(De-hipping)、除去刺激性成分，然後壓榨；有分壓榨和溶劑萃取的玫瑰果油。再經由冬化的過程，透過冷藏的方式除去表面厚重的蠟質就可以讓油變得更好用。

　　富含亞麻油酸、次亞麻油酸(GLA，30～40 %)，脂肪酸、油酸、維生素 A、C。因成分中含有 30～40 % 的 GLA，非常適合用來治療牛皮癬和溼疹等皮膚病，也是人體內合成動情激素的重要原料，對生殖系統、經前症候群和更年期問題相當有幫助。此外還含有相當多的必須營養成分，是使組織再生、消除疤痕和色素沉澱方面不可多得的活性

產品；所有種類的疤痕和蟹足腫或舊有、硬化的疤痕，單獨使用玫瑰果油的效果都很好，若能再加上雷公根油(Centella asiatica oil)調和效果會更顯著。保養品中加入玫瑰果油能淡化臉部的皺紋，減緩皮膚的老化作用，加強肌膚的保濕和滋潤。非常乾燥或老化的肌膚可用 100 %的玫瑰果油按摩，一般性肌膚 10 %效果就很好了。

5. 聖約翰草浸泡油(St. John's wort)：植物學名：*Hypericum preforatum*。

聖約翰草又稱為金絲桃，是一種長年生的草本植物，生長遍及全歐洲，在草地上、灌木叢和森林的空地上都可以看到它的蹤跡。從夏季中旬就會開始開黃色的小花，卵型的葉片上覆蓋著非常細小、紅色的油脂腺圓點，葉片上的氣孔會分泌一種紅色的、被稱為金絲桃素的活性成分，因此浸泡油會呈現寶石般的美麗的紅色，是園藝、植物學與醫藥學長期研究的主題；南美洲的原住民以這種植物發展出許多神秘的民族神話。含有維生素 A、B_6、C、D、E、金絲桃素、類黃酮、丹寧酸等物質。

聖約翰草浸泡油具有特殊的治療和安撫的功效，尤其享有能治療憂鬱症的盛名，早從羅馬時代就被用來舒緩焦慮；人們用它來治療創傷、燒燙傷、瘀傷和各類疼痛已久，中世紀時十字軍用它來治療戰爭創傷，全歐洲的民俗藥草學上都有記載到用它來治療各類病症。它具有止痛和抗發炎的的功效，加入按摩油中可以減緩纖維組織炎（如落枕）、神經痛、肌肉痛、肌腱炎、坐骨神經痛、風濕症、痛風、關節炎、燒燙傷、曬傷（但敏感性肌膚過度使用此油容易引起皮膚過敏，若又曝曬在陽光下，會更嚴重）。

為了增加聖約翰草油本身的抗發炎的特性，可以用 1：1 的比例混合金盞花油來使用；若要添加精油，濃度只能在 1～2 %間。

香　水

如果說各種香料是音符，那麼調香師就是創作樂曲的音樂家。

~Jean-Claude Ellena

香(Odor)可分為用聞的嗅香(Perfume)，和用吃的味香(Flavor)兩種，在化妝品中指的是單純的嗅香，食品中則包含了嗅香和味香。

調香是一門技術、也是一門藝術，既需要豐富的技術經驗，又需要靈敏的嗅覺。各種香料間有相互調合或不調和的區別，將相互調和的香料混合後會得到極佳的香味；不調和的香料混合後將會產生不愉快的臭味。

近年來，隨著經濟發展及人們生活水準的提高，香水在人們生活中的地位慢慢變化著，曾經作為奢侈品的香水，已逐漸轉變為人們的日常用品。在現代香水生產中，中國也大量引進了國外的生產技術與工藝，進一步推動了香水行業發展，促進香水行業的成長。2017 年在中國，除了進口香水繼續拓展市場外，一些中國本土品牌也即將在高端香水品有所作為，香水在中國的市場開始被挖掘，前景無限。

隨著眾多主流品牌紛紛加強其香水沙龍線，全力支持調香師調製個性化香水，各國市場消費者的個性化需求被重新喚起。《Fragrances of the World》香水指南中收錄的全球香水品牌總計 1642 個，其中的小眾香水品牌達 360 家，而十年前，這個數量還不到 100 家。小眾品牌的迅速發展，展示了市場對於個性化的強烈需求。與從前不同，隨著消費升級，曾經被認為可有可無的香水如今成為彰顯個性、展現品味的手段。依據中國中商產業研究院發布的《2017～2022 年中國香水行業市場規模及投資機會分析報告》指出，2015 年，中國香水銷售額為 56.17 億元，2016 年達到 59.75 億元，預計到 2017 年底零售額可達 63.1 億元。

從全球來看，香水是一個價值 250 億美元的產業，每年有 300 多個新品上市。香水在國外，是一個早已介入於生活各個方面的元素，從兒童的教育用品，到各種生活用品，都有香水行業專業的介入，在法國，香水已經是法國人生活的一個重要元素，和衣食住行一樣不可缺少。

國際巨星瑪麗蓮夢露曾說：「我只穿香奈兒 5 號睡覺」，讓香奈兒 5 號經典香氛一炮而紅，成為性感、成熟和女人味的象徵。每個女人都該擁有命定的香奈兒 5 號，並非一定要買一瓶昂貴香水，而是必須找到屬於自己的專屬味道。只因—香味，是讓人對你留下深刻印象的好方法。

一 香水十大品牌簡介

1. 巴黎蘭蔻 Lancôme Paris：

Lancôme 蘭蔻品牌是由創始人 Armand Petitjean 阿曼·珀蒂於 1935 年 2 月 21 日創立的。是一家法國高檔化妝品企業，名字取自位於法國中部的 Lancôsme 古堡。蘭蔻首批生產的五款香水－「Tendres Nuits」、「Kypre」、「Tropiques」、「Bocages」和「Conquete」在當年布魯塞爾世博會上展出。1964 年被歐萊雅集團收購為旗下品牌，目前作為歐萊雅奢侈品部門的一部分，主要提供皮膚護理、香水以及高級化妝品等產品。

蘭蔻香水是一款法國國寶級的化妝品品牌，迄今已有八十多年歷史。自創立，就以一朵含苞待放的玫瑰作為品牌標記。在這八十多年

的時間裡，蘭蔻以其獨特的品牌理念實踐著對全世界女性美的承諾，給無數愛美女性帶來了美麗與夢想。

蘭蔻香水在台灣販售的有：美好人生香水系列(La Vie est Belle)，用象徵快樂與幸福的微笑瓶身，寫下美好人生的溫柔篇章。璀璨香水系列(Tr'esor)，是一個永恆的愛情故事，美麗、熱情、性感、光芒四射。璀璨星夜香水系列(La Nuit Tr'esor)，是女性沉醉戀愛中的經典香氣。真愛奇蹟香水系列(Miracle)，是生命中永誌不渝的真愛奇蹟。魅惑香水系列(Hypnôse)，大膽誘惑、性感時尚。

2. 香奈兒 Chanel：

香奈兒這個品牌由創始人 Gabrielle Chanel（「Coco」Chanel，1883年8月19日~1971年1月10日，是法國時裝設計師和商業女性。是「時代」雜誌列出的 20 世紀 100 位最有影響力人物名單上唯一的時裝設計師。）加布里埃爾·香奈兒女士創建於 1910 年。在香水的領域裡，自從香奈兒五號於(Chanel N°5)1923 年面世以來，可可·香奈兒的時尚風靡了倫敦和巴黎的社交圈，購買者趨之若鶩。自此，香奈兒這個時尚品牌掀起了一場時裝界的潮流革命。Chanel 香奈兒公司旗下擁有數十款香水，分為男性香水系列和女性香水系列。

3. Jo Malone London：

是一個英國香水和香味蠟燭品牌，由 Jo Malone 女士於 1983 年創立。隨著 Jo Malone 女士出現在 The Oprah Winfrey Show 上，該品牌在美國開始流行。1999 年，Jo Malone 將該公司出售給雅詩蘭黛（Estée Lauder）公司，以「未公開的數百萬美元」收購。Jo Malone 女士在 2006年之前繼續為該品牌擔任創意總監。該品牌以昂貴的香水，豪華蠟燭，

沐浴產品和室內香水而聞名。其香水以簡單而純粹為諸多明星喜愛、質樸的包裝，透露著濃厚的英倫風情。它的特色是個性化、高品質和與眾不同的香水。

4. 古馳 Gucci：

Gucci 香水是 1921 年由古馳奧·古馳創辦的一個香水品牌，總部位於義大利的佛羅倫斯市。香水主要包括 GUCCIRUSH 香水、古馳新男性淡香水等類型。該集團除了香水業務外，還經營時裝、皮具、手鍊、絲巾、家居用品等一系列產品，但以香水事業群為主。

5. 迪奧 Dior：

Dior 迪奧是源自法國的跨國奢侈品品牌，是一個歷史悠久的香水品牌，擁有多款香水。克里斯汀·迪奧在 1947 年成立了時裝店，同年，克里斯汀·迪奧創立了 Parfumes Christian Dior，推出稱為 Miss Dior 新式香水。「能夠永世流傳的香水，必需先讓調香師念念不忘。」Miss Dior 是迪奧先生推出的第一款香水。大膽、充滿生命力以及自由氣息的香氛。Miss Dior 縈繞的芳香，不僅令人難以忘懷，更使人怦然心動。另外，迪奧品牌迎合上流社會成熟女性的審美品味，象徵著法國時裝文化的最高精神，品牌在巴黎地位極高。

6. 寶格麗 BVLGARI：

於 1884 年在義大利建立的高級珠寶品牌 BVLGARI 寶格麗，源自古希臘羅馬文化精髓，是一個義大利珠寶和奢侈品品牌，總部設在義大利首都羅馬。自其誕生 130 多年以來，得到世界各國社會名流的熱烈追捧，備受皇室貴族、影視明星的青睞。100 多年來，它創造了無數

名聞遐邇的頂級珠寶，並以卓越的品質、新穎的造型和優質的服務著稱，時至今日已成為全球知名的奢侈品品牌。寶格麗的創新設計充分體現在珠寶、腕錶、配飾、香水、護膚品、酒店和度假村中。

7. 伊利莎白雅頓 Elizabeth Arden：

伊利莎白雅頓(Elizabeth Arden)是 1910 年在美國建立的品牌，以香水為主，化妝品只占業務的一小部分。在美容界享有很高的聲譽，有人稱雅頓為眾香之巢～「美是自然和科學的結晶」。雅頓的產品線包括護膚保養品、彩妝、香水等，不斷攀升的業績及來自世界各地的認同使它已成為一個全球知名的化妝品名牌。旗下除了 Elizabeth Arden 這個品牌以外，還有一個著名的香水品牌 Elizabeth Taylor。

8. 凡賽斯 Versace：

來自義大利知名的奢侈品牌 Versace 於 1978 年創立，代表著一個品牌家族，一個獨特的時尚帝國，它的時尚產品統領了生活的每個領域，其鮮明的設計風格，獨特的美感，極強的先鋒藝術表徵讓它風靡全球。還經營香水、眼鏡、領帶、皮件、包袋、瓷器、玻璃器皿、絲巾、羽絨製品、家具產品等。

9. 嬌蘭 Guerlain：

大膽創意與傳承，才華與技藝的故事。嬌蘭調香師在近兩個世紀以來，都主導着品牌香氛作品的創作。帝王香水、一千零一夜、Habit Rouge、小黑裙香氛系列或 Idealman 香氛系列。嬌蘭調香師調製出香水業界最美麗的作品。

　　嬌蘭香水系列至今有 5 代調香師，第一代老嬌蘭先生被稱為「皇室御用調香師」，第二代 Aimé Guerlain 被視為「現代香水創始人」，而有「調香界奇才」稱號的是第三代 Jacques Guerlain，第四代 Jean-Paul Guerlain 受封「調香界的唯美主義大師」，當今第五代的 Thierry Wasser 則是首位非嬌蘭家族成員的首席調香師，有著「調香詩人」和「自由主義者」之稱。每位調香師皆以各自獨特的天賦，打造帝王香水，延續經典。

　　皮耶·馮索·巴斯卡·嬌蘭（Pierre-François-Pascal Guerlain，1798 年 ～ 1864 年）於 1828 年創辦嬌蘭品牌，作為化學家、探險家、出色的發明家和革新者，他盡展所能，在四十多年間將嬌蘭建立成為尤金妮皇后的御用香氛商，並成為深受歐洲宮廷歡迎的品牌。

　　嬌蘭於 1889 創立了現代化調香技術，艾米·嬌蘭（Aimé Guerlain，1834 年 ~1910 年）便是當時的調香師。在此時期，香氛的製作都追求重現大自然的香氣。艾米大膽創新，徹底革新了香氛藝術的歷史，首次以自然成分合成新的香調，Jicky 香氛由此而生。獨特、動人、令人陶醉。

　　雅各·嬌蘭（Jacques Guerlain，1874 年 ～ 1963 年）是二十世紀最偉大的調香師之一，而且最具備詩人氣質。他將香氛視為一門獨立的藝術。他是藝術家們的好朋友，一生創作了 400 多項香氛作品，包含全球知名的百年香氛，如藍色時光與一千零一夜等，並開設了香榭麗舍 68 號的嬌蘭旗艦店。

　　尚·保羅·嬌蘭（Jean-Paul Guerlain1937 年出生）被譽為是香氛界的馬可·波羅。為了創作香氛，他喜歡住進種植場之中、專心研製。他為女性鍾情，固執熱情，而不隨波逐流。他精於騎術，並以此為靈感，創作出 Habit Rouge 香氛。而他更在一個美好的早晨，策馬於

草上踱步時，構想出花草水語系列香氛。Vétiver 淡香氛、輪迴香氛系列以及多款品牌精品香氛均出自這位大師之手。

帝埃里・瓦賽(Thierry Wasser)是秉承四代精髓的第五任品牌調香師，歷任調香師與嬌蘭一直都譜寫著香氛業的歷史。他們風格各異，然而都大膽創新。每位都不斷探索香氛的新領域，將作品提升至另一層次。

嬌蘭品牌享有盛譽的國際品牌，自創辦以來，推出的嬌蘭香水品種超過 300 多種。一百多年來，嬌蘭以她那特有的貴族氣質與幽雅浪漫的品質保障，奠定了它在法國及世界上的品牌地位。

10. 卡爾文・克雷恩（Calvin Klein，簡稱 CK）

CK 是一個世界著名奢侈品品牌，於 1968 年成立，創始人 Calvin Klein 先生 1942 年出生於美國紐約，曾經連續四度獲得知名的服裝獎項，就讀於著名的美國紐約時裝學院(FIT)。Calvin Klein 有「Calvin Klein Collection」（高級時裝）、「CK Calvin Klein」（高級成衣）、「CKJ」（牛仔）三大品牌，另外還經營休閒裝、襪子、內衣、睡衣、泳衣、香水、眼鏡、家飾用品等。同時也是全球較大的香水公司，以開創現代香水業而享譽全球。

目前市場上以上述十大品牌的香水最著名。其實香水是以植物性香料、動物性香料、天然合成香料、化學合成香料（詳細內容請參閱第四章香料部分）等，以乙醇為溶劑，再以適當比例調香而成。噴灑過後可以讓人體保持持久的固定氣味的液體。加入酒精，是藉酒精的揮發性來達到香氣四溢的效果。香料之使用無論東方、西方在日常生活中、甚至宗教儀式中扮演重要角色。在 14 世紀開始有香水製造，世界上最早之香水即當時（1370 年）有名的「匈牙利王妃水」。

二 十種常見的香味詞彙及描述簡介

1. **醛香(Aldehydic)**：帶有一種臘或脂、像醛族化學品的味道。1921年 Chanel N°5 屬此類，相當風行，直至今日歷久不衰。也可以用 Modern Blend 來表示。

2. **香油(Balsamic)**：一種甜、柔軟像蘭花的味道。

3. **花香(Floral)**：帶有單或多種花的香味。

4. **果香(Fruity)**：任何可食用水果，包含柑橘屬各類水果的味道。

5. **青綠味(Green)**：搗碎綠葉的味道。此味道來自所有綠葉細胞內的揮發性物質。

6. **草本味(Herbal)**：草本植物如洋甘菊、薰衣草之類的味道。

7. **蘇苔味(Mossy)**：一種橡木苔(Oakmoss)或樹苔(Treemoss)的味道。

8. **麝香味(Musky)**：和天然麝香(Musk)相關的味道，帶點甜味。

9. **辛辣味(Spicy)**：烹飪調味料如丁香、黑胡椒、肉桂等的香味。

10. **木材味(Woody)**：木材如檀香、檜木等的香味。

三 香水的調性

　　傳統上分成花香調、東方香調、果香調、草香調、苔蘚香調、草本植物香調和人工香調等。

　　每一支香水都有屬於自己的特徵與個性，隨著香味組成成分的差異，在過去人們習慣依照香水的調性來區分成男性香水和女性香水，隨著時代的改變，男香、女香的界線已經不再如此分明，以前很少出

現在男香中的花香，因為能夠緩和過於激烈的氣味，也能幫男性帶來都會的氣息，已逐漸能為男性接受；女性香水的可容性更高，幾乎所有香料都能用上，加上時代女性的生活模式與觀念的改變，許多人不僅能跳出傳統甜花香嗜好，甚至更欣賞男香中獨立理智的氣味表現，因此造就了九〇年代中性香水、環保香水等另類香水的崛起。

表 10-1　常見女人香

香調	常用動、植物、花材香味	特色	適合的個性
綜合花香調	玫瑰、茉莉、鈴蘭、百合、夜來香…等。	在濃濃的香味中可以嗅出層層花香。	極度女性化，清新綜合花香深得上班族女性喜愛。
水果花香調	玫瑰、茉莉、杏、桃、柑橘、香草…等。	綜合花與水果味，香甜不失清爽。	可表現出柔美又帶點灑脫的氣質，適合各種女人。
甜花香調	茉莉、鈴蘭、玉蘭…等，後味常用檀香、麝香…等。	是最早的女性香水，香味甜膩。	適合成熟型、上班族或赴宴會的女人使用。
綠花香調	白色的花朵、草、植物的根、莖、業或種子。	香水顏色偏向青綠。	冷冷的花香味，適合理性、而年輕的女性使用。
清淡花果香調	橙花、睡蓮、西瓜、鳶尾、野薑花…等。	香味愉悅、清朗、透明。	適合少女使用，較平價。
柑苔花香調	香水樹、玫瑰、薄荷…等。	甜花與柑苔植物結合。	適合感性、喜歡追求完美喜歡思考的淑女。

🍵 表10-1 常見女人香（續）

香調	常用動、植物、花材香味	特色	適合的個性
柑苔清香調	橘子、佛手柑、香草、橡樹苔...等。	大自然的草木香。	適合柔性的、個性獨立的女性使用。
柑苔水果調	橡樹苔、薄荷、佛手柑、柑橘、檸檬、鳶尾花...等。	清爽、清甜的香味。	適合對未來充滿期待、個性保守的年輕女孩使用。
柑苔動物花香調	橡樹苔、佛手柑、麝香、狸貓香、龍涎香...等。	香氣濃郁。	適合成熟女性於夜晚使用，具有煽情、浪漫的效果。
乙醛花香調	花香、動物香。	結合有機化學讓香味多點變化。	適合重視質感與品味的女性使用。
東方香調	茉莉、鈴蘭、香草、麝香、狸貓香、龍涎香...等。	後味濃郁持久，香味溫暖，使人安心的感覺。	濃郁的粉味略帶攻擊性，是嫵媚成熟的女性在晚宴中的最佳選擇。

🍵 表10-2 香水濃度分類

中文	法文	簡稱	香精濃度
濃香水	Parfum	(-)（國內稱為香精）	20%以上
香水	Eau de Parfum	E.D.P.	15~20%
香露	Eau de Toilette	E.D.T.	8~15%
古龍水	Eau de Cologen	(-)	4~8%
淡香水	Eau Fraiche	(-)	1~3%

備註：國內另有花露水（Floral water；Toilette water）

▼ 表 10-3　香水三部曲

前味〈前調〉	揮發性高，噴（或擦）後 10～30 分鐘左右的香氣，香味不持久，以柑橘調居多。
中味〈中調〉	揮發性中等，噴（或擦）後 30 分鐘～2 小時左右才能散發的香氣，以花香調和果香調為主。
後味〈後調〉	揮發性低，噴（或擦）後 2 小時以後才能聞到的香氣，香味持久，以樹木性和動物性香料為主。

　　香水是穿在身上的第一件衣服，應該在全身清潔之後再噴灑，香味的釋放就會更清楚明顯。

四　香水使用須知

1. 香水須擦在體溫高，且常動的部位，如：手腕、腳踝、膝後、耳後、手軸內側等。
2. 皮膚容易過敏的人可將香水改噴在手帕、裙擺、褲腳或領帶內側，可隨肢體擺動散發香味。
3. 太陽較照射及較易流汗部位避免使用香水。
4. 容易流汗的人應先將汗水擦乾，腋下與汗腺發達的部位切勿使用香水，否則香水與體位混合將更加難聞。
5. 每種香水有其特性，不要混合使用。
6. 香水之使用量不宜多。
7. 餐廳中避免使用香味過於濃郁的香水。
8. 淺色衣服、皮革、手錶、寶石上避免使用香水。
9. 香水應存放在陰涼處，避免變味、變色。

參考文獻

中文部分

1. 光井武夫主編：*新化妝品學*，日本國南山堂株式會社，1993。

2. 光井武夫主編，張寶旭翻譯：*新化妝品學*，中國輕工業出版社，1996。

3. 光井武夫主編，陳韋達、鄭慧文譯：*新化粧品學*，合記出版社，1996。

4. 張麗卿編著：*化粧品製造實務*，台灣復文書局，1998。

5. 洪偉章、陳榮秀著：*化妝品科技概論*，高立圖書，1996。

6. 王肇陽著：*皮膚病的認識*，慈濟文化出版社，1999。

7. 黃美月著：*皮膚與美容*，聯經出版社，1996。

8. 刘米孝夫原著、王鳳英編譯：*介面活性劑的原理與應用*，高立圖書，1998。

9. 李仰川編著：*化妝品學原理*，文京圖書，1999。

10. 趙承琛編著：*介面科學基礎*，台灣復文書局，1994。

11. 劉程、張萬福、陳長明主編：*表面活性劑應用手冊*，北京化學工業出版社，1995。

12. Lubert Stryer 原著，曾國輝編譯：*大學生物化學*，藝軒出版社，1996。

13. 林宗旦、林美昭著：*最新植物化學*，明哲出版社，1977。

14. J.S.Levine, K.R. Miller 原著，李大維等編譯：*生物學*，文京圖書，1997。

15. 宋國艾、楊根源、陳勉哉編譯：*化妝品原料技術標準*，中國輕工業出版社，1994。

16. 上海市化輕總公司徐匯供應公司、上海市日化原料供應公司編：*化妝品原料手冊*，1994。

17. 賴耿陽編著：*實用香料化學*，復漢出版社，1998。

18. 吳鐵城、何國珍著：*香水的世界*，聯經出版社，1993。

19. 柯偉浩著：*香水聖典*，水瓶文化，1997。

20. G. Judy 著，李靖芳譯：*植物界的奇葩－月見草油的神效*，世茂出版社，1998。

21. 童琍琍、馮蘭寶編著：*化妝品工藝學*，中國輕工業出版社，1999。

22. 大野、熊谷、鈴木、齊籐：*色材研究發表會要旨*，p.170,1988。

23. 大野、熊谷、齊籐、鈴木、安籐、小杉：*色材研究發表會要旨*，p.68,1986。

24. 大野、熊谷、鈴木、齊籐等：*色材研究發表會要旨*，p.202,1990。

25. *醫藥品 GMP 解說*，藥事日報社，1987。

26. F. Marzulli：*皮膚光毒第二版*，p.327,1983。

27. 丹羽韌負著：*SOD 作用食品的效果*，青春出版社，1996。

28. 林天送著：*自由基大革命－生老病死的秘密*，健康出版社，1998。

29. 呂鋒洲著：*體內自由基掃除劑－穀胱甘肽*，健康出版社，1999。

30. 中國，中商產業研究院線上資料。

英文部分

1. P. Parakkal: *J. Ultrastruct Res., 29, 210, 1969.*

2. H. P. Lundgren, W. H. Ward: *Ultrastructure of Protein fibre*, p. 39, Academic Press N. Y., *1963.*

3. J. Koch, K. Aitzetmuller *et al.*: *J. Soc. Cosmet. Chemists, 33, 404, 1956.*

4. H. Zahn, S. Hilterhaus-bong:Int. *J. Cos Sci., 11, 167, 1989.*

5. S. D. Gershon et al.: *Cosmetics-Science and Technology*, P. 178, Wiley-Interscience, *1972.*

6. W. C. Griffin, *J. Soc. Cosmet. Chem., l, 311, 1949.*

7. W. C. Griffin, *J. Soc. Cosmet. Chem., 5, 4, 1954.*

8. O. K. Jacobi, *Proc. Sci. Sec. Of Toilet Goods Assoc, 31, 22, 1959.*

9. H. W. Spiet, G. Pascher, *Hautarzt. 7, 2, 1956.*

10. B. W. Barry, *The Transdermal Route for the Delivery of Peptides and Proteins*, Plenum Press New York *1986.*

11. Takahashi, N,. Miyasaka, S., Tasaka, I., Miura, *et al.*: *Tetrahedron Letters, 23, 5163, 1982.*

12. *CTFA Cosmetic. J., 4, 25, 1972.*

13. U. S. *Pharmacopoeia XIX*, USP Convention, Inc. p. *587, 1975.*

14. Price, S., *Aromatherapy for Common Ailments*, Gaia Books, London, *1991.*

15. Price, S., *Aromatherapy Workbook*, Thorsons, London, *1993.*

16. Price, S., *Practical Aromatherapy*, Thorsons, London, *1994*.

17. Price, S., *Aromatherapy for Health Professionals*, Churchiel Liveingstone Inc., *1995*.

18. Jan Kusmirek, *Liquid Sunshie:Vegetable Oils for Aromatherapy*, Wigmore Publications Ltd., *2002*.

19. Chrissie Wildwood, *The Bloomsburry Encyclopedia of Aromatherapy*, *2001*.

20. Michael Edwards, *Fragrances of the World*, Sydney, Australia, *1984*.

An Introduction to Cosmetics

An Introduction to Cosmetics

An Introduction to Cosmetics

An Introduction to Cosmetics

An Introduction to Cosmetics

An Introduction to Cosmetics

國家圖書館出版品預行編目資料

化妝品概論 / 嚴嘉蕙編著. – 第六版. – 新北市：
新文京開發, 2019.01
　　面；　公分

　　ISBN　978-986-430-477-6（平裝）

　　1.化妝品

466.7　　　　　　　　　　　　　　　　108000854

化妝品概論（第六版）　　　　　　　　（書號：B120e6）

編 著 者	嚴嘉蕙
出 版 者	新文京開發出版股份有限公司
地　　址	新北市中和區中山路二段 362 號 9 樓
電　　話	(02) 2244-8188（代表號）
F A X	(02) 2244-8189
郵　　撥	1958730-2
初　　版	西元 2001 年 08 月 25 日
第 二 版	西元 2004 年 08 月 20 日
第 三 版	西元 2006 年 09 月 10 日
第 四 版	西元 2009 年 06 月 20 日
第 五 版	西元 2014 年 01 月 13 日
第 六 版	西元 2019 年 02 月 15 日

New Wun Ching Developmental Publishing Co., Ltd.

New Age · New Choice · The Best Selected Educational Publications—NEW WCDP

新文京開發出版股份有限公司

NEW
WCDP

新世紀・新視野・新文京 — 精選教科書・考試用書・專業參考書